JN215477

現代に生きる大蔵永常

農書にみる実践哲学

Nobuhiro MIYOSHI

三好信浩

農文協

目次

まえがき

江戸期は、「農書の時代」だといわれる。

農文協（農山漁村文化協会）は、一九七九（昭和五四）年から二〇〇一（平成一三）年まで二二年の歳月をかけて全国に残る近世農書を集大成して、全七二巻にまとめて公刊した。その中には二七一件もの農書が含まれたが、なかでも最も多数の件名の著作者を、大蔵永常《おおくらながつね》（一七六八～一八六〇）という。収録された彼の農書はそれぞれに特異な件名をもつ以下の一二件である。（ ）内の番号は、「日本農書全集」の収録巻数である。

『広益国産考』（第14巻）、『除蝗録』（15）、『農具便利論』（15）、『綿圃要務』（15）、『油菜録』（45）、『甘蔗大成』（50）、『製油録』（50）、『製葛録』（50）、『門田の栄』（62）、『農家心得草』（68）、『農稼肥培論』（69）、『再種方』（70）。

集成された農書の中には、宮崎安貞の『農業全書』とか、土屋又三郎の『耕稼春秋』とか、宮負定雄の『農業要集』のような興味深いものも含まれるが、なかでも突出して目を引くのは大蔵永常の『広益国産考』という書名である。

「広益」も「国産」も永常の独創的な造語である。広益、つまり広い利益を標榜した農書は他に例がない。領国という地域を越えて全国的な視点から国々の特産物の情報を提示した農書の例も少ない。地域の農産物の栽培技術を改善し、それを加工や流通にまで繋ぐことによって農民に利益をもたらすための彼の一連の農書群が、この広益国産という言葉によって総括され、明確な思想と方針が指し示されたのである。

広益国産を実現するためには、当事者である農民の人づくりが重要である。永常はこの「日本農書全集」に所収されていない、その他多数の著作物を刊行して、農民の生活全体について啓発した。農民の道徳、教育、食事、医療、さては書簡文に至るまでその幅は広い。それらの農民の生活論は、彼の農業技術論に比べれば通俗的で保守的であって、両者には乖離がみられる。しかし、封建体制の桎梏の中で生きていかなければならない農民にとって、農業技術の改良が優先事項であって、生活面では安定と静謐が必要であると考えた彼は、あえて政治的発言は控えている。上に立つ人に、農民が出精して広益国産の実をあげることができるような施策を講じることを求めるにとどめている。要は、農民が自主性、主体性を発揮して工夫をこらした農業を営むことによって生活を安定させることが肝要であると考えたからであろう。永常の農業技術の先進性と農民道徳の通俗性の間の乖離をどのように解釈するかは、永常の人づくり論の特色を見極める鍵となる。

大蔵永常は、昭和期に入って注目され始め、すでに多くの伝記や評伝が公刊されている。その多くは、農業史や近世史の研究者の手によるものである。教育史を専攻する筆者があえてその中に割って入ろうとすることには筆者なりの想いがある。

筆者にとって、先行研究の中から得た二つのヒントが大切である。その第一は、早川孝太郎の『大蔵永常』（山岡書店、一九四三年）とほぼ同時に出版された田村栄太郎の『産業指導者大蔵永常』（図書出版、一九四四年）の、産業指導者という評言である。永常の広益国産の思想は、農業を中核にしつつも工商を含む産業にまで及ぶことを示唆している。第二は、後述する筑波常治の「大蔵永常と大阪町人―江戸時代のプラグマティズム」（『思想の科学』一九六三年二月号）と題する論説であって、その中で、「かれとかれの農学を生みだした諸条件」を解き明かすことの重要性を指摘している。広益国産の思想は、大阪もさることながら、彼が生まれ育った生国の豊後国日田の精神基盤から解明する必要性を示唆している。

本書は、これまでの研究者とはいささか視点を変えて、永常の広益国産の思想が、どのような歴史的、地理的背景の中から生み出され、数多の著作物を通して農民に何を伝えたかったのかに注目してみたい。貧しい農民に「利」の追求を勧め、そのための換金作物のノウハウを教えた彼の農書が、近世の「コメつかい」（米遣い）の経済体制に風穴をあける先見性を有していたことはこれまでも指摘されていることであるが、このことを彼の農民像、とりわけ農業の人つくり論とからませるとどのような展開になるであろうか。

大蔵永常を江戸期最多の農書著作者という評価にとどめることなく、彼の広益国産の思想の生み出された経緯、その思想の内実、それをになう農民像のもつ近代性を、さらには現代への意義を考えてみたい。とりわけ、大蔵永常より約一五〇年後に同じ日田に生まれ、大山の農業革命（コメから多品目少量生産への転換）を牽引した矢幡治美《やわたはるみ》との共通性については一章さいて論じてみたい。永常の広益国産の思想は現代において再評価する価値があると考えるからである。書名を「現代に生きる……」としたゆえんである。

序章　天領日田の精神風土

大蔵永常は、豊後国日田郡《ごおり》（現大分県日田市）に生まれ育った。阿蘇山地に端を発する大山川と久重山地に端を発する玖珠川とが中流域の日田盆地において、合流して三隈川と名を変える。盆地を抜ければ筑紫次郎の異名を持つ筑後川となり、筑紫平野から佐賀平野を経て有明海に注ぐ。九州の山ふところにあるこの日田は、夏は暑く、冬は寒い、盆地特有の気候で、特に夏の最高気温はニュースになったりする。しかし、三隈川周辺は古くから文人墨客により山紫水明の「水郷《すいきょう》」と呼ばれてきた。本書の舞台は、この日田盆地から幕を開ける。

歴史的に見ると、日田盆地の領地支配は複雑な経緯をたどったが、江戸時代の一六三九（寛永一六）年に幕府の代官支配地となり、その後一時期親藩領となったものの、一六八五（貞享三）年からは幕府領として安定し、永常の生まれる前年の一七六七（明和四）年には西国筋郡代がここに置かれ、九州の幕府領支配の拠点となった。今日、日田市民の誇る「天領日田」の繁栄を見るようになる。

天領日田は、北の豆田と南の隈の二つのマチが中心をなし、その周辺を狭小な田畑や山林で生計を立てる貧しい農林業のムラが囲んでいた。農業者の多くは地主の田地の小作人であり、山林業者は山林地主の労務者であって、全体としては商家や土地地主の勢力が強大であった。特にマチの商家のなかには、八軒衆と呼ばれる豪商がいらかを並べていて、天領地からの物品の流通や、大名貸しなどで財をなしていた。これらの金融業者を「掛屋《かけや》」と称した。余裕のある商家は教養や風雅を好み、上方の文化を取り入れ、この盆地に特有な文化に変えた。日田祇園、天領ひな祭り、三隈川での鵜飼遊船などは、今に残る観光資源である。

天領日田には、独自な学問が花開き、有名な漢学塾が設けられた。豆田のマチの豪商博多屋（広瀬家）の広瀬淡窓の開いた咸宜園《かんぎえん》がそれである。博多屋の六代目の長男として生まれた淡窓は、生来蒲柳の質であったため、家業は弟の広瀬久兵衛に譲り、自らは学問と教育で身を立てた。一八〇七（文化四）年、淡窓は私塾桂林園を開き、文政初年に咸宜園と改めた。「咸《ことごと》く宜《よろ》し」と読むこの塾舎には、北は陸奥から南は薩摩まで、全国各地から塾生が集まり、淡窓一代でもその数は三〇〇〇人を越えた。年齢、身分、学歴という封建制の壁を取り払う「三奪法」によって門戸を開放し、皆一様に白紙の状態から出発させ、「月旦評」と称する月ごとの試験の成績で九つの段階を昇らせるという競争原理によって漢学の習得が容易になることが人づてに伝えられて評判を呼んだ成果である。淡窓と同世代の永常はこの漢学を学びたいという強い願望を持っていた。

永常の伝記は、早川孝太郎の『大蔵永常』に始まる。近年になって、「大分県先哲叢書」として『大蔵永常資料集』全四巻が刊行された折、その編集主管者豊田寛三を中心とする近世史学の研究者たちによって、『大蔵永常』（大分県教育委員会、二〇〇二年）が刊行され、これまで不明であったことが次々と明らかにされた。例えば、永常の没年や死没地は不明とされてきたけれども、一八六〇（万延一）年一二月一六日に江戸で、享年九三歳で死去し、その翌年に遺髪が日田の願正寺の大蔵家の墓所に葬られたことなどが判明した。

永常の祖父は信兵衛、父は伊助といい、祖父は西南地方では珍しい綿の栽培を営み、父は隈のマチの豪商鍋屋（森家）で働いていた。鍋屋は、金融業や各地の物品の仲介業で財をなし、当時は筑後から櫨《はぜ》の実を買いつけて製蠟業に乗り出していた。一一人の子どもの四番目に生まれた永常は、家計を助けるために働かざるを得ない境遇にあったため、父の働く鍋屋の丁稚《でっち》となった。子どものころから読書を好み、学問の道に進みたいという彼の初志は、百姓に学問はいらぬという父の反対によって、農業に加えて、鍋屋での商工業の体験を得るという方向に転換した。

二〇歳になったころ、永常は日田を出て、九州各地の農業事情を視察して、赤間関（下関）や讃岐を経由して大阪（当時は大坂）に出て、苗木商などを営みながら、農書の執筆を始めた。処女作『農家益』を出版するのは一八〇二（享和二）年、三四歳のときである。大阪で『老農茶話』と『豊稼録』を出版した後居を江戸に移し、その後三河田原、岡崎、浜松と転々と居を変えたが、日田を出た永常の第二の古里は、三〇年住んだ大阪である。大阪での最初の一四年間に、永常は農書著作者に変身した。倅重兵衛も大阪で商売をしていた。当時の日田は「第二の大阪」と呼ばれていたこともあり、商都大阪で生活を始めたのは、筑波常治のいう大阪町人のプラグマティズムに気が合ったのではないかと思われる。ちなみに、淡窓の末弟広瀬旭窓も大阪で漢学塾を開いていて、永常も何回か訪問したという記録が残っている。

淡窓と同じように学問の道にあこがれた永常がそのままその道を進んだならばどのような生涯になっていたであろうか。商人の町日田に生まれた永常は、商都大阪に出て自分の新しい道を見つけ出した。彼は大阪を拠点にして、全国各地の視察調査のうえ、すぐれた農業技術を紹介する農学者となって、江戸期では日本一多数の農書および農民生活書をものした。他方、日田にとどまった淡窓は、日田を出ることなく全国各地から多数の門下生を集める漢学者となって、日本一多数の塾生をかかえる私塾経営者となった。歩んだ道とその功績を異にする二人を横に並べたのは、両人の間に思想や行動の共通点があると考えたからである。

大胆にいえば、日田に生まれた人間の精神特性ともいうべき商業的合理精神である。淡窓の漢学は幕府が「正学」とした朱子学そのものではなく、特定学派にこだわらない独自性を持っていて、「現実社会に対応」しつつその学問を「庶民に拡大」したものである（田中加代『広瀬淡窓の研究』ぺりかん社、一九九三年）。永常の農学は、特定の藩や村や家にこだわることなく、「現実農業」の利益ある方法を「農民に弘布」したものである。

本書ではこれ以上淡窓について言及するつもりはないし、またその力量もない。永常と比較するとすればもっと重要な人物がいる。時代は現代にまで下ってくるが日田の大山村（町）で農業革命を起こした矢幡治美がその人である。永常の精神が現代にまで引き継がれているかどうか検証するのに好個の人物である。本書の第七章で考察することとする。

注

（1）当時は板木刷の和綴本であるため、活字印刷本とのちがいを示すため出板とすべきであるが、本書では煩を避けるために出版と表記する。

第一章　旺盛な著作活動

1　「まめろしい」男

永常の著作である『絵入民家育草』に寄せた六樹園主人（石川雅望）の序では、「大蔵徳兵衛永常といふはまめ〳〵しき翁なり」と書き出している（資料集第一巻、四二二頁）(1)。「まめまめしい」とは、日田の方言では「まめろしい」という。まさしく永常の生涯を言い当てた評言である。学問をあきらめて地元の蠟問屋で働いていた永常は、日田を出奔したのち、東奔西走の流浪と遍歴の生涯を過ごした。その間、歩いて、見て、聞いて、試して、書くという生活の中からぼう大な量の著作物を生み出し、江戸期最多の農書著作者として名を残した。

日田を離れた永常は、まずは櫨《はぜ》の栽培や蠟《ろう》の製法について学ぶために筑前や肥前などの視察から始めたとされている。やがて甘蔗《かんしょ》（さとうきび）の栽培や製糖の技術を学ぶため薩摩に足をのばし、その後赤間関から讃岐を経て一七九六（寛政八）年に大阪に出た。永常二八歳のときである。大阪での永常は、櫨の苗木の取次販売などで生計をたてつつ、農書執筆を開始した。櫨の栽培法について記した処女作『農家益』を出版したのは一八〇二（享和二）年で三四歳になっていた。

永常は自己の経歴について多くを語ることはなかった。これまでに刊行された伝記などで知るかぎり、きわめて波乱万丈の生涯であったようである。大阪に出た永常は、一八一〇（文化七）年には江戸の下谷に移り住み、一八一八（文政一）年にはいったん大阪に戻るものの、二年後には再度江戸に出て著作活動に出精した。一八三四（天保五）年にはかねてから念願していた仕官の道がかない、三河の田原藩で興産方に取り立てられて、六人扶持という微禄ながらサムライ身分となった。しかし、彼の出仕を斡旋した家老職の渡辺崋山が、幕政を批判したというわゆる蛮社の獄に連座した廉で蟄居（のち自刃）の処分に遭うと、永常も五年五か月後に田原を離れ、岡崎に移り貧窮の生活を送った。ようやく一八四二（天保一三）年に浜松藩に取り立てられ五人扶持金一〇両を文給されるようになるも、水野忠邦の失脚によってそれも長くは続かず三年後には職を失っている。

死没の前年、一八五九（安政六）年にそれまでの農業啓蒙書の集大成というべき『広益国産考』を世に出すまでの永常は、大阪と江戸を頻繁に往復し、また各地の農業事情についての見聞を広めた。同書は、初め一八四二（天保一三）年に最初の二巻を『国産考』と題して刊行し、その後に全八巻に拡張させた。『国産考』と『広益国産考』の総論には永常の記した次の

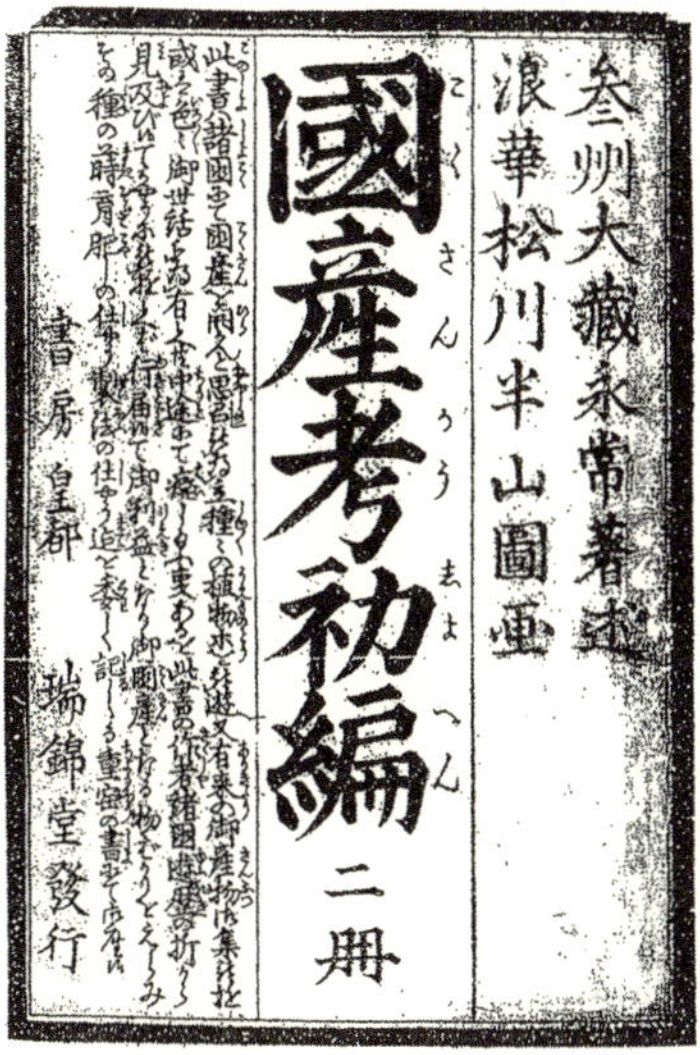

図１　最初の『国産考』（資料集第2巻，510頁）

ような一文が含まれる。

「僕が才の拙きを恥ず、諸国を遊歴の折から見聞したる事どもを書つゞりて、おこがましくかく題して爰《ここ》に先《まず》二巻を著す。猶続ひて数冊を篇緝せんことを念《おも》ふ。然りといへども学士の青眼に見そなハせ給ふべきの趣意にハあらず。只一事にても農家の益となるべき見当とも成る事あらば、幸ひ是にしかざるべし」（『国産考』資料集第二巻、五一二頁）。

「前編に国産の事を述るといへども、愚蒙にして人をさとする事あたはず。只諸国にて見及び聞およびたる事をかひつまミしるしたる而已《のみ》にて、実に予が筆の拙きを恥るばかり也」（『広益国産考』資料集第三巻、四二〇頁）。

永常の著作物は全体として見れば諸国遍歴での見聞記と称して差し支えない。彼のいう「見およびて」の範囲は、九州から始まり、畿内、東海はもちろん、下総、下野、越後、奥羽を除く東北などに及んでいるし、「聞およびて」も機を捉えては人と話を交わしている。例えば、一八三五（天保六）年刊行の『門田能栄《かどたのさかえ》』は、宮の渡し（名古屋）から桑名へ伊勢詣の船に乗り合わせた、下総、三河、摂津、九州出身の四人が国元の情況を談じ合うという設定になっている。九州の男は外ならぬ永常自身であって、郷里日田の産物を紹介している（『門田能栄』資料集第四巻、一六九～一七五頁）。

生真面目な永常は、見聞するだけでなく、自ら試行してその成果を確かめることにも力を注いでいる。最初の、そして最大の試行は、田原藩興産方としての役目を果たすことにあった。そこで彼の手がけたのは、甘蔗の栽培と砂糖の製造、櫨《はぜ》の栽培と蠟搾り、楮《こうぞ》の栽培と紙作り、琉球藺《い》の栽培と畳表の製造など多岐にわたっていた。鯨油による稲虫の駆除や稲の掛干しなどコメの増収策についても試行している。さらに加えて、婦女子の家内作業として土焼人形の製作や販売まで始めている。しかし、彼を登用した渡辺崋山が、成果を挙げることに性急であり、しかも失脚するに及んで、見るべき実績にはつながらずに失意のまま失職することになった(2)。その後、浜松藩でも櫨の接木による苗づくりから始めているが、そこでも中断の止むなきに至り、彼の提唱した先進的農法は彼の思いどおりには普及しなかった。ただし、彼が自らの試行にこだわっていたことは、『広益国産考』の中で養蚕について言及した次の一文からも窺い知ることができる。

「予ハ比養蚕の事を知らざれども、常に此品の益ある事を見聞するといへども、養ひ見ざれば只おもふばかりにてぞ過しけるに、既に今年七十七の翁となりて、安居の思ひをなすに至りて老衰しぬればせんすべなし。然れども吾が聞置るばかりの国益たらん事を爰《ここ》にのぶる而已也」（『広益国産考』資料集第三巻、四四〇～四四一頁）。

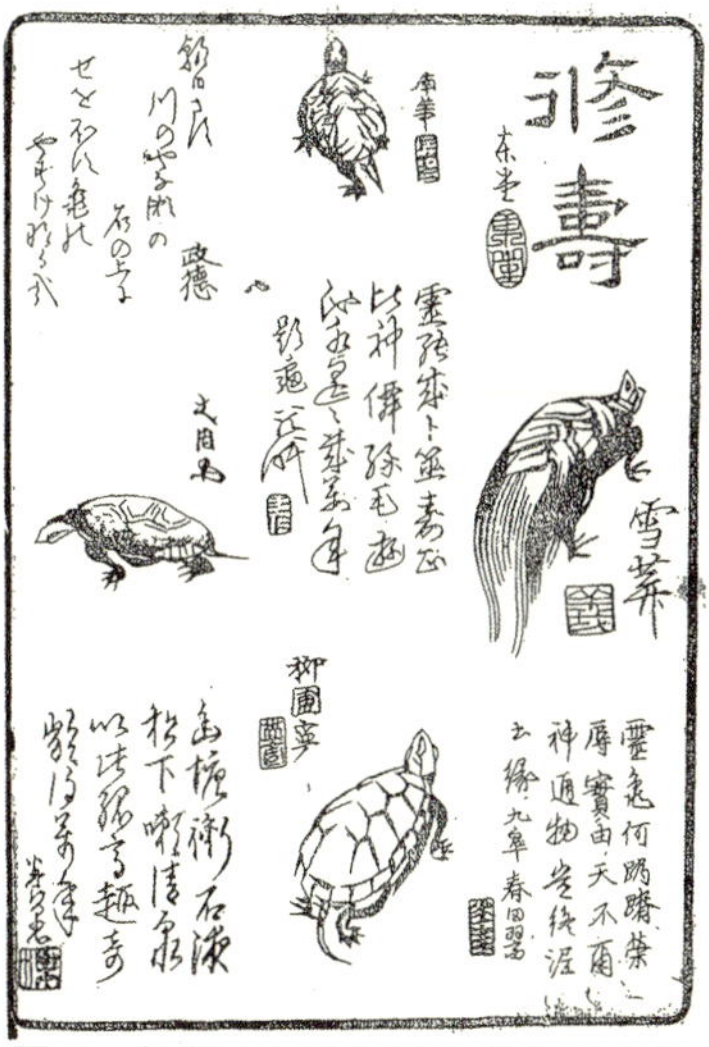

図２　永常の長寿を祝う知友の祝辞
（４枚のうちの最初の１枚）

永常の人となりについては、興味深い証言が残っている。淡窓には六人の弟妹がいたが、その末の弟旭窓は大阪に出て兄と同じような漢学塾を開いていて、その門下生古谷道庵の一八四一（天保一二）年の日記の中には次のような一文がある。このころ永常は田原藩から解雇されて岡崎に移り、生活難を凌ぐため、節用大全などの編集作業に従事していて、旭窓塾で漢字校正の教示を得ようと必死になっていた。

「喜内（筆者注：永常の別称）、今年七十四歳なり。顔色猶ほ未だ老いずして、手足尤も健なり。此の人多く倭書を著し農民に益す。然れども漢学は甚だしく疏なり。然るが故に其の著す所、齟齬《そご》すること多しと雖《いえど》も頗る和訓を習ふ」「喜内、著述を好む。然れども学無ければ大道に暗し。故に其の著す所は俗説にして少しく小民を利す。今歳七十四歳にして猶ほ四合の米を喰らひ、日に街中を奔走し、其の健なること羨むべきなり」（原漢文、資料集第四巻、四〇二、四〇六頁）。

江戸に出た永常は、多くの文人や戯作者などと幅広い交友関係を結んだ。その証拠の一つは、晩年の一八五六（安政三）年に刊行した『勧善夜話後編』には、四六名の知友が永常の

図３　日田の亀山公園（伊藤忠雄画）

八八歳の長寿を祝う詩歌や書画を寄せていて、永常はそれを巻首に四頁にわたって掲出している。参考までにそのうちの第一頁のみを例示してみる（図2）。全体として亀の絵が多い。そのわけは、永常は多くの号を用いる中で、若いころは亀太夫《きだゆう》、晩年は亀翁《きおう》と号していたからである。左上の政徳の献辞には、「朝日さす　川のやな瀬の　石の上に　せをほす亀の　やすれなる哉」とある。

なぜ亀なのか。豊田寛三は、郷里日田の風景が号の基になったのではないかと想像している（『大蔵永常』一一三頁）。日田盆地の南方を流れる三隈川は、玖珠川と大山川が合流して「水郷」と呼ぶ景勝地をなしている。その川岸に永常の生家があり、その跡には、「日本三大農学者大蔵永常先生々誕之地」という石碑が立っている。清流の前には、亀山公園と称される市民の憩いの公園がある。日田出身の彼が亀という言葉を好んだことには望郷の念が込められていたと考えると一入《ひとしお》いとおしくなる。参考までに、日田在住の画家伊藤忠雄氏の描いた亀山公園の風景を添えておきたい（図3）。右端に見える川岸の屋並みの中に永常の生家跡がある。

ただし、永常が亀と号した彼の生涯は、確かに長寿を保ったかも知れないが、その活動は、羽根をはばたかせて全国を飛翔する鶴であった。まさしく、まめろしき翁であった。

2　農業分野をこえて多岐にわたる著作物

『農家益』より始まり『広益国産考』に至る永常の著作物は、江戸期にあっては断然その数が多く、取り扱う幅も広い。近世農書の権輿と称されるものは、永常も参考にしたと思われる筑前の藩士宮崎安貞の執筆した『農業全書』であって、安貞はこの一冊に生涯をかけ、しかもその出版を見たのは没後のことであった。これに比べると永常はその生存中にほとんどの著作物の出版にまで漕ぎつけることができた。蒔いた種は生きている間に収穫したということになる。

ちなみに、近代になると、特に駒場農学校卒業のいわゆる学卒人材は、永常と同じように多数の著作物を世に出すが、その先駆を切ったのは江戸期の永常であるといっても差し支えない。例えば、近代農業教育の最高指導者というべき肥後出身の横井時敬の場合、単著だけでも五五件を数えるし(3)、駒場での横井の後輩で同じ肥後出身の沢村真の場合でも著書の数は三三件に達している(4)。しかし、彼らの著作物は、農業経済や農業教育などへの展開を示すものの、広い意味での農業分野の中に収まっているのに対して、永常の著作物は、それよりさらに幅広いものとなっている。なぜなのか、ということが問われなければならない。

表1　大蔵永常の著作物一覧

番号	書名	刊年	出版事情	所収				
				先哲	全集	叢書	科学	経済
①	農家益	1802	3冊（天地人），1811後篇2冊（乾坤），1854続篇2冊（乾坤）	1，3				
②	老農茶話	1804	1冊	1		M.19		
③	豊稼録	1810	1冊，1826再版，農家調法記続録一名豊稼録	1		M.20		
④	農具便利論	1822	1冊（上中下）	1	15		11	11
⑤	再種方	1824	1冊，1831附録	1	70	M.20		
⑥	除蝗録	1826	1冊，1846後編1冊	1，2	15	M.19		
⑦	絵入民家育草	1827	3冊（上中下）	1				9
⑧	文章早引	1828	1冊，1842再版					
⑨	油菜録	1829	1冊	1	45			
⑩	奇説著聞集	1829	3冊（5巻），内題奇説著聞集一名田家茶話	1				
⑪	製葛録	1830	1冊	1	50			
⑫	農稼肥培論	1832	3冊（上中下）	4	69	M.21		
⑬	日用助食竈の賑ひ	1833	1冊，小型本	2			13	
⑭	徳用食鏡	1833	1冊，小型本	2				
⑮	文章かなつかひ	1833	4冊（春夏秋冬），私版					
⑯	綿圃要務	1833	2冊（乾坤），外題綿甫要務	2	15		11	
⑰	農家心得草	1834	1冊	2	68	M.18		
⑱	門田能栄	1835	1冊，渡辺崋山画，1834年3編上巻（稿本）	2，4	62		11	
⑲	製油録	1836	2冊（上下）	2	50	M.23		
⑳	農稼業事後編	1837	5冊（5巻），児島如水著『農稼業事』の後編	2				
㉑	勧善著聞百談	1840	5冊（5巻），内題勧善百物語	2				
㉒	甘蔗大成	1841	2冊（上下），稿本（未刊）	4	50			

㉓	国産考	1842	2冊（上下），1859『広益国産考』8冊（8巻）として集大成	2，3	14			
㉔	山家薬方集	1843	3冊，稿本（未刊），1844附録，稿本（未刊）	4				
㉕	勧善夜話	1847	5冊（5巻），内題昼寝夢，1853後編5冊（5巻）	3				
㉖	食物能毒編	1848	1冊，内題食物能毒編田舎薬方集附録，小型本	3				
㉗	救民日用食物能毒集	1851	1冊，内題日用食物能毒集，小型本	3				
㉘	民家文章早引大成	1853	1冊，横本					
㉙	広益国産考	1859	8冊（㉓の2冊を含む）	3				

大分県先哲叢書では、現存する永常の著作物について全国的な調査がなされた。調査を担当した平井義人によれば、およそ六〇〇件を確認することができたという。同じ著作物が重版されたり改版されたり、あるいは出版者を変えたり、新しい出版者が多少の変更を加えたりして世に出回ったため、初版年を確認する作業に難航したようであるが、板木の摩耗具合などを調査したうえで一応の推定を下したという。筆者には、その種の文献考証の力量はないため、今はこの先哲叢書に準拠して永常の著作物の一覧表を作成してみた（表1）。表中の刊年は豊田寛三らの『大蔵永常』の巻末にある「大蔵永常年譜」に従っている。

　この表の所収欄の「先哲」は大分県先哲叢書、「全集」は日本農書全集、「叢書」は明治二〇年代に有隣堂から刊行された勧農叢書、「科学」は三枝博音の編輯により朝日新聞社から刊行された日本科学古典全書、「経済」は日本経済叢書刊行会の通俗経済文庫に所収されたものを示す。数字は所収の巻数または刊行年である。Mは明治の略号である。

このほかに、未刊の草稿としては、「琉球藺百万」「救荒必覧」「紙漉必用」「門田能栄三編」などがあるが、それらは主著『広益国産考』の中に部分的に取り込まれているので、永常の著作物はこれでほぼ網羅されたことになる。なお、国語辞書的な三件はこの先哲叢書に含み入れていないため、現物を見るしか方法はない。

3　著作物を分類し直してみると

永常の著述した多数の著作物は、その取り扱う範囲が広いため、これまで種々の分類がなされてきた。例えば、飯沼二郎のなした「永常農書」の三分類を要約してみると次のとおりである(5)。

第一類─特用作物に関するもの─『農家益』から『広益国産考』に至るまで、永常農書の最も特徴顕著な作品群。

第二類─稲作に関するもの─『老農茶話』から始まり、『豊稼録』『再種方』『除蝗録』『農稼肥培論』など稲の増収策を記した作品群。永常農書の中で評価の高い『農具便利論』は特用作物にも関係するため、第一群と第二群の両方に入れている。

表２　大蔵永常の著作物分類

分類		該当著作物番号
1　農書	1-1　主穀作物	②，③，④，⑤，⑥，⑫，⑱
	1-2　特用作物	①，④，⑨，⑪，⑯，⑲，⑳，㉒，㉓，㉙
2　道徳書	2-1　教訓書	⑦
	2-2　奇談書	⑩，㉑，㉕
3　国語辞書	3-1　文章用例	⑧，㉘
	3-2　文章用語	⑮
4　生活書	4-1　薬法書	⑰，㉔，㉗
	4-2　食物書	⑬，⑭，㉖

第三類―その他農民生活に関するもの―『民家育草』『文章早引』『奇説著聞集』『日用助食竈の賑ひ』『徳用食鏡』『山家薬法集』『食物能毒編』など、諸々の作品群。

永常を農業技術史の立場から農書著作者と見なせばこの分類は正鵠を得たものといえよう。しかし、筆者のように農業教育史の視座をもってすれば、第三類のその他の農民生活に関する作品の、さらなる分析と評価を必要としているように考える。

そこで筆者は、永常の著作物を永常農書として一まとめにするのではなく、狭義の農書とその範疇を越えるものとに区分けして、表2のように分類してみた。大きく見て四分類、さらに細分化すると合わせて八分類となる。その分類枠の中に表1の著作物を振り分けてみたが、一冊の本の中に諸種の記述がなされているものもあるため、厳密さに欠けるところはある。例えば、⑰の『農家心得草』の場合、最初に稲麦雌雄の事や麦の貯蔵法などに軽く触れたのち、「有毒草木の事」をかなり詳しく図解しているので、とりあえず4－1の生活書薬法書の中に入れた。④の『農具便利論』は飯沼のなしたように、主穀作物と特用作物の両方に

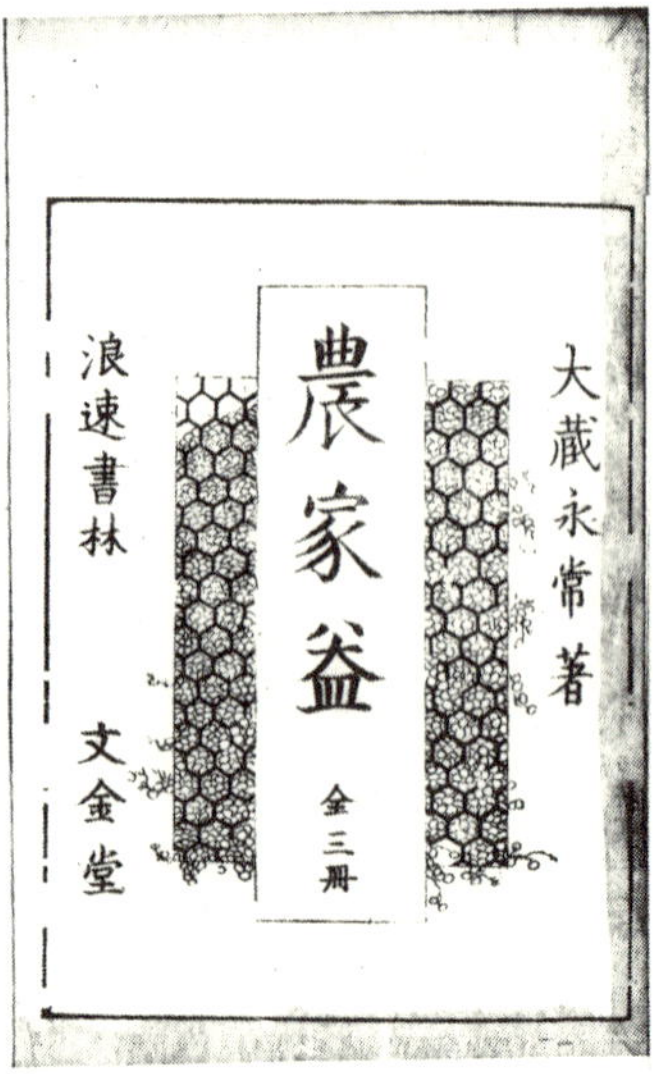

図４　処女作『農家益』（国立国会図書館蔵）

図５　明治期まで読み継がれた『農具便利論』（国立公文書館蔵）

入れた。大きく分けると1の農書が一六件、その他が一三件となる。前者を農業技術書、その他の2・3・4を農民生活書と称することも可能である。前述の横井や沢村の著作物に比べると、農民生活書の数が多く、かつその取り扱う範囲の広いことが注目される。

4　生涯の集大成としての『広益国産考』

永常の数多くの農書は、『農家益』から出発し、『広益国産考』で掉尾《ちょうび》を飾ることになる。その間に、『農具便利論』とか、『除蝗録』とか、『油菜録』とか、『製葛録』とか、『綿圃要務』など、特定の主題を取り扱う著書を世に出したが、晩年の九一歳、一八五九（安政六）年刊行の『広益国産考』は、それまでの仕事の集大成であった。それにしても、アイディアにとむこの広益国産という永常のこの造語は現代から見ても何と意味深いものか、と感嘆せずにはいられない。

『広益国産考』は、まず一八四二（天保一三）年に『国産考』全二巻として刊行され、それから一七年後にその書名に改められて全八巻とされた。第一巻の見返しには、出版者の広告が出ていて、「此書の作者諸国遊歴の折から見及び候」うえ、「御利益となり御国産となる物ばかりをえらみ、その種《たね》の蒔育《まきそだて》、肥《こや》しの仕やう、製法の仕やう迠《まで》を、委しく記したる重宝の書にて御座候」と記している（『国産考』資料集第二巻、五一〇頁）。参州大蔵永常著、浪華松川半山画とあるところから、永常が三河藩に出仕していたころの著作である。

第一巻では、「総論」として「国産を拵《こしら》ふる心得の弁」に続き、「国産となるべき物を左にあぐ」として列挙した農産品は、紙、楮《こうぞ》、杉檜、櫨樹、油菜《なたね》、紅花、砂糖、木綿《わた》、桑、琉球藺《い》、漆、茶、麻、煙草、葛（併せて蕨、萆薢《ところ》）、玉蜀黍《とうきび》、芋、蕃藷《さつまいも》、密柑、葡萄、藺《い》、柿、梨、桐、当皈《とうき》、川芎《せんきゅう》、芍薬《しゃくやく》、蚕養、焰硝《えんしょう》、絹織、藍、素麺《そうめん》の三四種に及び、「右にしるす品々ハ其国所《くにところ》にて産物となり益とも成べき物のミを撰び、大意を出せり。其植方製し方国所の応不応ハ追々左に記せバ、其国所の寒暖気候に引合せて先《まず》作り試ミて大ひに行れバ、大利を得給ふべし」とした（『国産考』一之巻、資料集第二巻、五一八～五二二頁）。

第二巻では、上に挙げた中の杉、檜、松、砂糖の、第三巻では、席草（琉球藺《い》）、紫草《しそう》の、第四巻では、萆薢《ひかい》（ところ）、蕨《わらび》、王瓜《おうか》、栝樓《かろう》（てんかふん）、柿の、第五巻では、醤油、水油、蠟、畔《あぜ》大豆《まめ》、葛《くず》粉、綿、木綿、養蚕、楮《こうぞ》、紙の、第六巻では、雛《ひな》、海苔《のり》、栗丸太《まるた》、茶の、栽培や加工法からそれらの収益までを具体的に記述した（『広益国産考』資料集第三巻、三四七〜五四一頁）。

本書の中には、既刊の『農家益』前・後・続の三巻のほかに、『門田能栄』などと内容の重複するものも含まれているし、永常の生前未刊に終わった『農稼肥培論』『山家薬方集』『甘蔗大成』の三件もその中に部分的に取り込まれていて、まさしく永常農書の集大成である。

書名の「広益」と「国産」の二つの言葉には、永常の思想が集約されている。

「広益」には、少なくとも二つの意味がある。その一は、農民の利益を積極的に奨励することを基本とし、ひいてはそのことが領主をうるおすという「両方よし」の考えである。「領主の御勝手向《むき》を直すにハ、先《まず》民を賑《にぎわ》すやう世話を致しなバ、下民ハ其難有《ありがたき》思し召を感伏して、賤民（ママ）に至る迄も領主の御勝手のよくならせられん事を祈らぬものハなかるべし」（『国産考』資料集第二巻、五二七頁）。その二は、利益を得るために、換金作物を奨励したが、その品種は、紙や醤油や木綿などの農産加工品だけではなく、人形製作にまで拡大した。ひな祭りには京都の高価な人形ではなくして、山家浦々の田舎の住民も手の届く安価な土人形をもって出費をおさえよと説いた。伏見には土人形の製法が伝わっているので、それをくわしく紹介した。胡粉《ごふん》の下ぬりや採色には、農閑期を利用して夫婦共同で作業する絵図が入れられている。

「国産」は、大名領国や天領を含意するが、まずはその国をできる限り豊かにするため自給の体制を整え、余剰の品を他の国に売り出すための工夫をすることを勧めた。「国産ハ地に蒔《まき》植《うえ》て収納するものばかりを云にハあらざれば、先我住る国に出来ずして、他国より買入て其代金を出す事をふせぐやうするを第一とし、我国に多く産じて他国より金銀を取入るやうにする事ならんか」（『広益国産考』資料集第三巻、四五〇頁）、「倩《つらつら》国産の事を考るに、国に其品なくして他国より求るをふせぎ、多く作りて他国へ出し、其価を我国に取入《とりいれ》、民を潤《うるお》し国を賑す事肝要ならんかし」（同上、四七八頁）という。永常の国産は、あくまでも領国中心ではあるが、そこには他領との商取引を容認していたという意味では、物貨流通の思想があり、経済面から幕藩体制に風穴をあけるものであった。

永常農書に、一貫性や体系性があったか否かは研究者の間でも意見が分かれていた。永常が余りにも多種多様な作物の栽培技術についての著作をしたことが、その否定の理由である。先進的技術の紹介に功績があったにしても、彼の著書は各論的なものが多いからである。これに対して、早川孝太郎も、また戦後になって岩波新書として刊行された『広益国産考』の解題者である土屋喬雄も、『農家益』から出発した永常農書は、『広益国産考』で集大成された、と解釈している。その間の五七年に、永常の農学思想にゆらぎはなかったという。永常の主著は『広益国産考』であるという解釈は今日では定着しているといえよう。

5　宮崎安貞との共通点と相違点

江戸期の「三大農学者」として、一般には、筑前の宮崎安貞、出羽の佐藤信淵と並んで永常が挙げられる。永常を農学者と見なすことの当否は後述する。第一の農学者が安貞であることについては誰しも異存はないであろう。

宮崎安貞（一六二三～一六九七）は、生まれは広島藩士の子であるが、筑前黒田藩に召しかかえられて、一六九七（元禄一〇）年に日本最初の本格的農書である『農業全書』を刊行した。彼が一〇巻までを書き、附録の第一一巻は友人の貝原楽軒がつけ加えた。黒田藩の漢学者であり博物学者であった貝原益軒はそれに序を寄せて天下に広めた。安貞自身もその凡例の中で、「抑《そもそも》此書は本邦農書の権輿《けんよ》なり」と自信のほどを示した。(6) 楽軒は益軒の兄である。

永常の処女作『農家益』の刊行されたのは、それから一〇五年後のことであって、時代も大きく変化していた。それにもかかわらず、安貞と永常にはいくつかの共通点がある。二人とも西南農法の中心地から出発して、もう一つの先進地である畿内の農法を熟知していた。安貞もまた永常と同じように畿内をはじめ各地の農業を視察し、老農老圃の実践例を学び取った。二人とも視察と記録という経験科学の手法をもって全国に通用する農法の案出と普及に功績を残した。この時期、農事遺書とか農業家伝書とかと銘打った私的な実践書は各地に生まれていたけれども、二人の農書は、全国を視野に入れた科学性と普遍性を有している。

永常自身は、この先輩学者安貞に影響を受けたと思われる。特に重要なことは一般農民に理解されやすいようにするための工夫であって、平易で丁寧な文章にするとともに多数の挿絵を入れた。ただし、永常は自己の独自な世界を演出するために安貞の農書との重複を避けた。例えば、『広益国産考』の中で、「大栗の貯方《たくわえがた》等は農業全書に委しけれバ、爰《ここ》に略す」（資料集第三巻、四七二頁）とか、「茶の植育《うえそだて》製法の事は農業全書に委しければ、爰には国産ともし、多く育て利を得る事を肝要に記せるなり。委しくは全書を見給へかし」（同上、四七七頁）と記している。

しかし、二人の間のちがいも大きい。その第一は、安貞が稲作を重視したのに対して永常は時代の人として商品作物に力を入れたことであり、第二は、永常は農書の幅を大きく拡張したことである。安貞は珠玉の名作をただ一件だけ残したのに対して、永常は生前に二七部六九冊というぼう大な数の著作物を世に出し、加えて未刊のまま稿本として残したものが六部一〇冊もある。

永常による農書の幅の拡張は、二つの方向で進められた。一つは、農業の技術面の拡張であって、例えば、主要な肥料は安貞の一一種に対して永常は二六種を挙げたし(7)、虫害対策として安貞の注油法に永常は鯨油を加えた。他の一つは、内容面の拡張であって、永常は教育論や道徳論などのほかに辞書まで加えた。その道徳論は勧善懲悪の封建色の強いものであったけれども、永常は農民の技術だけでなく精神や生活にまで入り込んだ。

早川孝太郎によれば、永常が『農業全書』から受けた影響は、「理論でも技術でもなく、むしろ対農学の信念であって、いずれかというと著者宮崎安貞の人格ないし人生観であった。あえて想像を廻らせば、その農学への邁進は、安貞の人格から受けた感動に出発したとも言える」と解釈している。(8) 早川のいう、この精神的影響が何であったかは、永常を考えるうえでの重要ではあるが難しい問題である。

注

(1) 本書においては、永常の言辞は主として大分県先哲叢書の中の『大蔵永常資料集』全四巻（大分県教育委員会、二〇〇〇年）から引用することにするが、その際は資料集の略号を用い、書名、巻数、頁数のみを記すことにする。原文は当時慣用の総振り仮名がつけられているが難読の文字だけに現代文の仮名をつける。句読点のないものには必要に応じて筆者がそれをつけた。
(2) 別所興一「(門田の栄)解題」日本農書全集第六二巻、二二四〜二二六頁。
(3) 拙著『横井時敬と日本農業教育発達史』風間書房、二〇〇〇年、横井語録出典一覧。
(4) 『農業教育』第三五五号、沢村真追悼号、一九三一年三月、二三八〜二三九頁。
(5) 飯沼二郎「(広益国産考)解題」日本農書全集第一四巻、一九七八年、四二四頁。
(6) 宮崎安貞『農業全書』日本農書全集第一二巻、一九七八年、三〇頁。
(7) 木村茂光編『日本農業史』吉川弘文館、二〇一〇年、一七四〜一七五頁。
(8) 早川孝太郎『大蔵永常』山岡書店、一九四三年、五一頁。

第二章　永常農書は何のために書かれたか

1　飢饉の惨状と救荒の思い

永常にこれだけ多数の農書を執筆させた動機は何か、これについてもまたいくつかの解答が出せそうであるが、筆者がまず第一に注目したいのは、彼が日田に在住当時経験した天明飢饉ではなかったかと思う。このことはすでに先行研究において指摘されていることであって、一七八三（天明三）年と一七八七（天明七）年の二度の飢饉のもたらす惨状を日田の地で目撃している。(1)それは、寛永、享保の飢饉に次ぐもので、永常が一八二六（文政九）年に刊行した『除蝗録』の「惣論」には次のような一文が含まれている。

「其後天明三癸卯年、同七丁未のとし、天気不順にして諸国又凶作に及ぶ。予其頃ハ未《いまだ》、若歳《ねん》にて生国豊後日田にありしが、冬より春にかけて餓に及びさまよひ来れる窮民多し。我祖父なるもの深く愁《うれ》ひ且あハれミ富商の家毎に人数をわりつけ粥《かゆ》をもて養ハせける事を見及びぬ」(『除蝗録』資料集第一巻、三九〇頁)。
日田を含めた西日本一帯に及んだ天明の飢饉は、ウンカの発生によって稲作に大被害をもたらすものであったため、永常はその対策として、旧来から農村に伝わる「虫追い」の行事にかえて、水田に鯨油を入れて駆虫するという合理的方法の普及が必要であることを痛感した。永常の著わす農書の多くは、この鯨油駆虫法をはじめとして、飢饉に備えるノウハウを記している。天明飢饉の惨状を目撃したことが彼の一連の農書執筆の動機となった、といえそうである。

彼の推奨した特用作物の栽培も飢饉対策と関連づければわかりやすい。主穀であるコメが天候や害虫などの被害を受けたとき、それに代わる特用作物で急場をしのぐとか、あるいは値上がりしたコメを購入できる資金を貯えるための換金作物を栽培するとか、農民の生活を安定させることを第一に考えていた。天保年間に執筆したと想像されている自筆稿本『救荒必覧』の「惣論」には次のような一節がある。

「夫世中《それよのなか》の憂とすべき数々ある中に、五穀不熟して飢饉に至る事うれひの最甚《はなはだ》〳〵しきものなり。是をまぬかるゝのはかりことハ、兼て農家の心得にあるべき事なれども、十《と》ヲが九《ここの》ツ迄此覚悟なきもの多し。たとひ御地頭より御すくひあらせらるゝといへども、至極の皆無《かいむ》に及びては中々行届かせられざる事もあらん。しからバ銘々に力を尽し、食物と成《なる》べきものを工夫して、しのぐより外あるべからず。其飢をしのぐものゝ第一は、野山藪抔《など》に生る葛《くず》、蕨《わらび》、萆薢《ひかい》、王瓜《おうくわ》等を掘にしくハなかるべし」(『救荒必覧』資料集第四巻、一三七頁)。

すでに出版した『製葛録』にはくずの製法を詳しく記しているし、『国産考』には、萆薢(ところ)や王瓜(からすうり、ひさごうり)、括樓(きがらすうり)、蕨(わらび)などの製法について記しているので、この両書を参考にするようすすめている。特に葛はどのような荒地にも生育する繁殖力の強い植物であるので、その根を粉にして食用に供すれば、当面の対策になるとしている。

飢饉の際の食生活については、一八三三(天保四)年ごろの著作であるとされる『日用助食竈《かまど》の賑ひ』『徳用食鏡《しょくかがみ》』を出版していて、いかに工夫して耐え忍ぶかについて具体的な方法を指し示しているが、これについては後述する。また、一八三四(天保五)年の刊行である『農家心得草』は飢饉に対処するための、麦作による備忘貯蓄の方法や飢民が陥りがちな有毒植物の食糧化を防止する方策を記している。永常にとって、飢饉がいかに恐しいものであったかを窺い知ることができる。

2 農民を「利」へいざなう

たとえ飢饉になっても、平素の貯えがあれば生き延びることができる。処女作『農家益』で櫨の栽培から始めた永常は、自己の身近な経験から櫨で利益を得た二人の人物を例示する。その一人は、日田郡《ごおり》川内村の庄屋半蔵であって、父から聞いた話として紹介する。「凡五十年巳《い》然《ぜん》、櫨ハ一村を助るの益樹なれば植べし」という半蔵のすすめに渋々と従った農民たちは、わずか一〇年で「村入用を弁《わきま》へ、十七八年にして惣村御年貢の半《なかば》を櫨実の売得《ばいとく》にてつくのひたる」という。もう一人は、同郡山田村の善蔵という老農で、永常と同時代の人物である。「享保七年の比《ころ》、肥前の国に往て櫨の仕立様、其植やうを習ひ、苗を求め来りて下畑に植ければ、近村の人迄も笑けるに、此人少しもかまハず教への通に育しが、追々木も繁茂し実もなりて少しづゝの得分を見ける」が、享保一七年の飢饉のときには収穫も多く、「是を売、其価を以て米にかへ其飢饉をまぬがれし」、「その時笑ひし人々も家を捨て諸国にさまよひ喰《しょく》を乞たりしとなん」という（『農家益後篇』資料集第一巻、一三八〜一三九頁）。永常は「同郡」と記しているが、正しくは筑前国那珂郡であって、この高橋善蔵がわが子のために書いたという『窮民夜光の珠』（日本農書全集第一一巻所収）は永常に強い影響を与え、永常の『農家益』はその盗作ではないかといわれるほどである。しかし、永常は、挿絵を多用したり、具体的な説明をしたり、また後篇と続篇を追加して新しい情報を入れ込んだりしている。ともかく、永常の農書の原点には、救荒の対処策としての櫨の栽培と製蠟による農民の利益向上が目ざされていたことは間違いがない。

農民は少しでも「利」を得ることにつとめよ、というのは彼の農書のライトモチーフとなる。彼は、刈り取った稲の掛干しにより一反歩につきコメを一斗七八升、時に二斗増量させることができると説いた一八一〇（文化七）年刊行の『豊稼録』では、その掉尾を「予ハ才徳なく又禄なければバ、人を利するの術なし。因て此事を書して梓にちりばめ、広く世に行れバ大幸ならんかし」という言葉で締めくくった（『豊稼録』資料集第一巻、一一九頁）。あるいは、彼の名著とされる一八二二（文政五）年刊行の『農具便利論』では、「予や草莽《そうぼう》の鄙人《ひじん》にして素より禄位のあらざれバ、人を利すべき便《たより》なく、さらバ草木と同く朽《くち》、鳥獣と倶《とも》に死せん事の口惜く思ふより、一言も世に益あり、半語も人を利するの事を拾収して、かゝる冊子を編《あみ》なせり」という（『農具便利論』資料集第一巻、二一〇頁）。

農民が「利」を得るには特用作物を作るに限る。彼のすすめる特用作物の数々は、農民を「利」へといざなう、いわば誘導剤であった。一八三七（天保八）年の作とされる『農稼業事後編』の総論では、次のように記されている。

「農家ハすべて定まれる作物の外余地に四木三草等の類を植立るごとき余分のそなへをせずして、たゞ作れる所の五穀等のミを売、其代《しろ》を以て物をとゝのふゆゑ外に金銀の出所《でどころ》なし。いつもこと足らぬがちにて世を経るものなれバ、随分心を用ゆべきことぞかし。能《よく》心がけぬれバ其所の地味に相応の植物ハあるものなり。依而《よりて》爰に余地に植て定まれる作物の外に利を得んと思ふものを書集めしるすなり」（『農稼業事後編』資料集第一巻、二二七頁）。

永常の遍歴は、特用作物を求めての旅といえよう。それらの徳用作物は、言い換えれば換金作物であった。彼はそれらの利益を農民にわかりやすく具体的に記した。『広益国産考』の七の巻には、彼の郷里である「豊後国日田郡《ごおり》の産物の事」と題する一節があって、「豊後国ハ山の多き方の国にして、昔より地頭の御世話ありし事なけれども、日田一郡にて年貢地にあらざる不毛の地より上り高一ヶ年をならし弐万五六千両余もあがる也。先日田郡斗《ばかり》の産物を左に記す也」として、紙類、凡四千五百丸、代凡銀五百貫目から始まり、年魚（あゆの魚）凡三千荷、代凡銀三拾五貫目までの一六品目を挙げ、その他にも鶏卵など八品目、畑の年貢地より収穫できる煙草、苧《を》、綿の三品目を加え、総額を此金弐万七千四百五拾両と計算している。大阪の銀建ての金額を出すものの、江戸の金建ての換算値も示すという丁寧さぶりである（『広益国産考』資料集第三巻、四九九〜五〇三頁）。永常は、「右は予が郷国故委しく存居候」と自信のほどをのぞかせているが、日田の誰かが彼に情報を提供したものと思われる。

ちなみに、この日田の産物については、これより先天保年間に執筆したと想像される自筆稿本『門田能栄三編上巻』にも記載があり、先年逢った九州の人の話として、年貢地以外の野山や畑作の畔《あぜ》など不毛の地から産出される産物が記され、品目はほぼ同一で、年貢地の作物三種と加えて総額は『広益国産考』と同じ数字を出している（『門田能栄三編上巻』資料集第四巻、一七一〜一七五頁）。

農民は「利」にさとい、それゆえ「利」を指し示せば農事の改良に意欲が生まれるという認識は、彼の日田における若い時代の体験から生まれたものと思われる。日田は天領であり代官所が置かれ、一七世紀ごろから豆田と隈に二分されるマチが形成され、農民の暮らすムラがその周辺を取り巻いていた。筆者はムラの生まれであるが、少年時代の経験から考えても、ムラの農民は現金収入を得たいがために、農産物をマチにリヤカーで運び得意先の家に戸別に売り歩くか、市場や農協などに一括売却していた。永常の時代にも同じ状況であったと想像される。一括売却はそれを取り扱う商人がいて、日持ちのする品は大阪などに売り出していた。永常がこの不毛の地（水田の少ない山間の地）から生み出される換金作物の総額を二万七千両と計算したのは、そのようなマチとムラの流通の仕組みを念頭に置いていたのだと思う。ムラの農民はいらかを並べるマチの商人のような分限者《ぶげんしゃ》になりたいと念じつつ、一文でも多くの金を稼ぐことに熱心であった。農民は「利」にさといことは、百姓の生まれである彼自身の感覚でもあった。

3 「売れる」本を目指し、ビジュアルに

日田を離れた永常は、自己の生計を立てる手段として著作の業を選んだ。大阪に出たあとは苗木の販売や寺子屋の師匠などもしていたが、全国の情報を収集する力量とモノ書きの才能に自信を持っていた彼は、「売れる」本を作って生活しようと考えた。世に名が売れて、できれ

ばどこかの藩に仕官の道が開かれることも心ひそかに期待していた。

永常は、出版者の集中していた大阪と江戸に居を構えて文筆活動に精力を傾けることになるが、その文化・文政期は出版文化の大衆化が進み、著名な戯作者などが世を賑わせていた。十返舎一九の『東海道中膝栗毛』や式亭三馬の『浮世風呂』などがその例である。

ところが永常が世に出そうとした農書は、売れる見込みのきわめて少ないものであった。当時の出版事情を調べた平井義人によれば、初版本の売れ行きは二、三百部程度ではなかったかという。加えて著作料は低額であり、しかも出版者は著者に断りなしに重版や類版を出していた。その証拠に、現存する永常の書簡類はその多くが出版者とのやり取りであって、出版を急がせたり著作料を前借りする内容のものも含まれる。「書林から失敗なく作料を得たとしても、年間に七、八本の作品を書き続けていかなければ生活は維持できない」と平井は推測している(2)。加えて永常には心の病をもつ病弱の妻と、その妻を介護するため婚期を逸した娘がいて生活難に拍車をかけた。永常が、たとえ軽輩でも仕官の道を得て固定収入を得たいと願ったのも、その生活難に一因があった。

戯作本ならば町人の読者をあてにすることができたが、百姓向きの本は売れないことはわかっていた。そこで永常はいかにして百姓の読者を引きつけるかに腐心した。彼の考えた販売戦略は平易で役に立つ本づくりであった。まずは読みやすい文章にすることであって、童子用の往来物のように、漢字と仮名混じりのくずし字で、すべての漢字にはふり仮名をつけた。例のため主著『広益国産考』の最終巻の末尾の一文をそのまま引用してみれば、「抑《そもく》草《くさ》にハ肥《こえ》の気のあるといへるハ、前《まへ》に論《ろん》ずる如《ごと》し。広大《くわうだい》にして肥《こや》しの最第一《さいだいいち》とも云《いふ》べき也。草《くさ》をとりて他《た》の所《ところ》に捨《すつ》れバ夫《それ》だけ其地《そのち》は痩《やせ》るなりと知《し》るべし」(『広益国産考』資料集第三巻、五三二頁)といった具合である。

多数の挿絵を入れたのも永常の工夫であった。永常の農書は、「絵農書」と称されるほど挿絵が多い。例えば、主著『広益国産考』の見返しには「浪華松川半山画」とあり、大阪で活躍していた著名な画家松川半山の描いたもので、その数は一〇五葉を数える。その他、一八三六(天保七)年刊『製油録』、一八四〇(天保一一)年刊『勧善著聞百談』、明治になって刊行された『勧農叢書農稼肥培論』も半山画と明記されている。

ちなみに松川半山(一八一八〜一八八二)は、幕末の大阪で画家として、また戯作者として人気のあった人物であって、明治期になるとさらに精力的に多数の啓蒙書を出版した。一八七三(明治六)年の『万国新商売往来』をはじめとする往来本、文部省刊行の博物図の註解、自作の小学教科書など、筆者が調べた限りでも明治期の著作物は一九件を数える[3]。永常農書の挿絵を担当した半山は、その後の活躍から見てもすぐれた啓蒙家であった。

永常の絵農書は、彼の名著である『農具便利論』で遺憾なくその効果を示す。そこには八七葉の挿絵があり、例えば鍬の絵には一葉に二〜五種の鍬が描かれ、それぞれに使用されている土地や大きさ(尺寸)が記され、誰にもわかりやすくする工夫がこらされた。画工の名前は記されていない。恐らく彼が全国各地を探訪して模写したスケッチを画工に彫り込ませたものであろう。なかには、蘭書から得た水抜器「ブランドスポイトの図」（図6）のような新奇の挿絵も含まれる(4)。

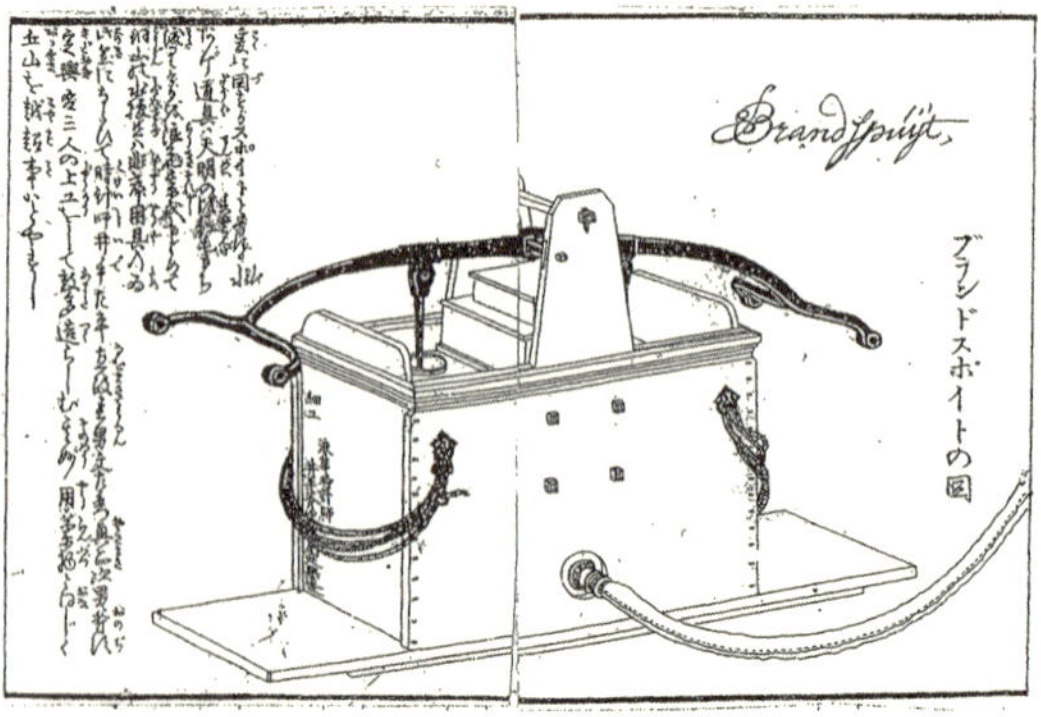

図6　『農具便利論』の中のブランドスポイトの図（資料集第1巻，292～293頁）

図7　『門田能栄』の中の渡辺崋山の挿絵，矢印が永常とおぼしき人物（資料集第2巻，154頁）

画工の名前が記されている事例として注目すべきものは、永常を田原藩に召しかかえることに寄与した渡辺崋山の絵である(5)（図7）。そのほか、画工の名前が明記されている事例としては、『勧善夜話』に島英林、『綿圃要務』と『農稼業事後編』に松雨雪堤、『油菜録』『田家茶話』『製葛録』に有坂蹄斎の名が記されている。この最後に例示した有坂蹄斎は、『製葛録』の解題者粕渕宏昭によれば、文化文政ごろの江戸の浮世絵師として名のあった人物であって、葛飾北斎に画法を学び、狂歌摺物画を多数書き残したという。[6] これらの画工は永常が直接依頼したものと思われるが、書肆が選任した可能性もある。ただし、画工に原画をさし示したのは永常であって、『製葛録』もそうであるが、特に『農具便利論』のあれだけ詳細な絵図は永常自身の原図がなくしては不可能であって、永常の観察眼の鋭さがわかる。

元禄年間に大阪の書家堀流水軒の著わした『商売往来』が産業系往来物の嚆矢となり、江戸期に広範に普及した。この『商売往来』は百姓や職人などにも波及し、一七六二（宝暦一二）年には日田の江藤弥七による『農業往来』が生まれ、一七六六（明和三）年には江戸の鱗形屋孫兵衛が『百姓往来』を出版した。[7] これらの往来物は、寺子屋に通う童子に読み書きの基礎学力を身につけさせることを目的にし、併せて職業にかかわる用語を覚えさせた。永常の農書は往来物に見られる平易さを基本としつつも、童子ではなく大人を相手に、飢饉に備えたり、現金収入を増やしたりするノウハウを伝授することを主眼としたところに、往来物とのちがいがあった。そのちがいを意識しつつも往来物のような売れ行きを期待していたところに永常の目算ちがいが生じた。

4　著述家として生計を立てるために

当時農書は高価であって、売れなかった。永常は、一八二六（文政九）年刊行の『除蝗録』の「総論」の中で、「今世に流行せる復讐奇談の雑書にかハりて農書ハ広益肝要の書なれども、其業にある人だに求めて見る人少し」とそのことを認めていた（『除蝗録』資料集第一巻、三九一頁）。当時の出版事情については平井義人の分析を先に引用した。出版者は著作料の支払いには種々の条件をつけて永常を困らせた。永常はそのため、平易な絵農書をつくりその販売普及に工夫をこらしたことについても先述した。

それに加えて、三つの行動に出た。その第一は、権力者を頼って、自著を官版、つまり官のお墨付きの本にすることであった。田原藩や浜松藩への仕官は、たとえ微禄であってもサムライ身分になるという出世欲もあったであろうが、それだけではなく、これらの権力者に農学者として認められ、彼の農書の読者層の拡張を期待していたと考えられる。田原藩時代の永常に『門田能栄』の出版を催促したのは、彼を登用した渡辺崋山であった。『製油録』と『農稼業事後編』も田原藩在官時代の作品である。しかし、永常が崋山の意に反する積極的行動をとったことが崋山の反感を招いた。一八三四（天保五）年から六年間出仕したあと、田原を解任されて岡崎に仮寓して、二年九か月後に浜松藩に召し抱えられて、櫨の接木などの実務を担当するも、程なくしてそこも解任され浪々の生活を送ることになった。そのころの永常は妻の病気などもあり貧窮の生活を余儀なくされ、出版者に対して金策の無心をしている。

第二は、著名な学者や文人などに対して自著の序文執筆を依頼した。自著の価値を一般に認めさせることをねらったもので、このことについては後に述べる。

第三は、売れない農書を離れて、売れる本の著作をした。その代表例が怪談奇談書である。永常の農書は、その幅を大きく拡大することになるが、これについても後述する。

以上の三つの行動は、永常の人間性を評価する際の、意見の分かれるポイントとなる。早川孝太郎のようにその功利心を酷評する人もいるが、筆者の意見は、生活難にあえぐ永常の止むを得ぬ行動であって、彼の究極の意図は、『広益国産考』で総仕上げとなる農書の著述にあった、と考える。農民に対して「利」を説いた永常は、自身の生計の「利」にはうとかったと思われる。

図８　『製油録』より，上方流搾油法で下げ槌を使って搾油する図（日本農書全集 50，79 頁）

注

（1）詳しくは、豊田寛三ほか『大蔵永常』大分県教育委員会、二〇〇二年、四〜六頁。
（2）右に同じ、一七四頁。
（3）拙著『近代日本産業啓蒙家の研究』風間書房、一九九五年、四九八〜五〇五頁。
（4）大蔵永常『農具便利論』資料集第一巻、二九二〜二九三頁。
（5）大蔵永常『門田能栄』資料集第二巻、一五四頁。
（6）粕渕宏昭「（製葛録）解題」日本農書全集第五〇巻、一九九四年、二九二頁。
（7）拙著『商売往来の世界』ＮＨＫブックス、一九八七年、一〇七〜一〇九頁。

第三章　農業技術をどう伝えるか

1　農民の「自主性」への期待

利にさとい農民が、自ら「民富」の向上を目ざして新しい農業技術を習得したり、換金可能な特用作物を栽培したりすることが、永常のねらう究極の目的であった。そのための農書の執筆であり、その農書が広範に普及することが、翻って彼自身の利益になると考えていた。

しかし、彼の書いたものを含めて、農書を購入して読むであろう農民の数は多くはないという認識もあって、その農書をできるだけ平易に、かつ役に立つものにする努力をした。彼はそのために、それまでの農書のイメージ、特に親から子に伝える農事遺書的性格を一変させる新機軸を考えた。それが上述したような彼の執筆動機となっていた。

当時の一般農民は農書への関心は薄く、ましてそれを購入してまで読もうとする者は稀な状況の中で、永常の唱える新しい技術は容易に普及しなかったことを物語っている。農民が自主的に農事改良に取り組むことが最終の目的であるけれども、そこに到達するためには、農民をその気にさせる予備的指導の段階を踏むことが効果的であると考えた。その役割を背負うことになるのが、幕藩体制の支配層である地頭とその輩下の村長《むらおさ》および農事に詳しい老農であって、この両面の指導が不可欠であるというのが、永常の考えた戦略であり、これら三者、つまり地頭、老農、農民の共有すべき目標が、彼の造語として有名となる「広益国産」の論理であった。彼の主著『国産考』初編一の巻の冒頭の一句はしばしば引用されて有名である。

「夫《それ》国を富しむるの経済ハ、まづ下民を賑し、而て後に領主の益となるべき事をはかる成《なる》べし。第一成《なす》ハ下にあり、教ふるハ上にありて、定まれる作物の外に余分に得ることを教えさとしめバ、一国潤ふべし」(『国産考』資料集第二巻、五一一頁)。

この『国産考』は、後に巻之三から巻之八までつけ加えられて『広益国産考』として集大成されたことは前述した。この書を解題した飯沼二郎は、「わたしたちが、こんにち、『広益国産考』に学ぶべき点は、まず第一に、農民の自主性の尊重であり、土地や資材、労働力の集約的利用の徹底化の工夫であろう」と記し、「農民の功利主義にその自主性の源泉を見出した」ことを高く評価した。しかし、飯沼は併せて、それは永常の「楽観主義」であって、藩レベルによる国産奨励・専売制度は当時においてかえって農民に対する収奪を強め、農民の増産意欲を弱めることになるということに永常は気づいていなかったところに『広益国産考』の限界があったという(1)。

2 「地頭」のお世話

確かに永常は地頭を信頼していて、その収奪については何の異議も唱えていない。封建の世に生きる彼の知恵であったかも知れない。彼のいう地頭とは、上に立つ者を総称することが多い。もともと地頭とは、平安期の荘園の荘官から出た古い歴史をもつ役職であったが、永常の生きた近世社会では大名、旗本など知行地をもつ領主をさしていた。その地頭のもとには老中から始まり村方三役など村長《むらおさ》に至るまでの支配者の階層が組織されていた。永常が地頭と称するとき、このような支配組織を包括し、その者たちが彼の農書を読んで領国の利益向上につとめることが先決であると主張した。字の読めない、まして農書を読もうとしない農民には、地頭がまず「御世話」をせよ、というのである。彼の語録の中からいくつかを例示してみよう。

一八一一（文化八）年に刊行した、櫨の栽培と製蠟の技術を説いた『農家益後篇』では、「夫農業ハ人間世《せ》第一の大事にして政事の根本といえり。農を司る人、五穀種芸を教へ道《みち》びき民を助るの工夫を常に用ゆべきこととは貝原翁の書にも見へたり」と記し、筑前黒田藩の儒者貝原益軒を引き合いに出した（『農家益後篇』資料集第一巻、一三七頁）。

稲の二期作について記した一八二四（文政七）年刊行の『再種方』では、「其国の主《あるじ》より命じ給ひ、村長たるべきもの植試なバ、年あらずして一国に及びなん。是を植はじめたらん人ハ其国の富をいたす人なるべし」と記した（『再種方』資料集第一巻、三四五頁）。

一八三七（天保八）年の刊行と考えられている『農稼業事後編』には、「国産を開く心得の事」という見出しのついた一節があり、地頭の心得が次のように記されている。産物の栽培に世話をするだけでなく、その販売の世話もせよと説いている。

「物を仕立、産物をこしらへ、御国益となされんおぼし立あらバ、はじめには格別に御面倒を御覧なされ、御費《ついえ》とても格別のことも無之間夫《これなきあいだそれ》も御かけなされ、何にても試《こゝろ》ミのうへおぼしめし立たることを能々《よくよく》下々の者にをしへさとし、追々植弘めさせ、年を重ねて其もの出来る様に成りたるうへにて、其捌方《さばきかた》を御地頭より御世話なし遣ハされなバ、其益多くして御領内の御産物となり、下々の潤ひ惣体にてハ大造《たいそう》になり、下々富ぬれバ御上の御為と成こと勿論なり」（『農稼業事後編』資料集第二巻、二七六頁）。

一八四六（弘化三）年の『除蝗録後編』の附言の中では、既刊の『農具便利論』と『豊稼録』を取り上げ、「予が著すところの農書数種のうちに、わきて農具便利論にしるす農具と、又豊稼録の中にしるす稲をかりて干方《ほしかた》によりて納米多き事どもは、其村々の長たる人此書を能々《よくよく》熟読せば、小前《こまえ》の人々を教へさとする便とも成べき歟《か》」と記した（『除蝗録後編』資料集第二巻、五八六頁）。

晩年の集大成である『広益国産考』には地頭の世話にかかわる語録が多い。例えば、蠟の製法を記す節では、「故に其上向《かみむき》より御世話ありて国に製し度ものなり」「頻《しき》りに御世話あらせ給ひ、苗の接方等をなされ、不毛の地に植給ひ、利分を見せ給ひなバ、追々農家にて植る様なるべし」といい（『広益国産考』資料集第三巻、四二八頁）、綿の製法について記した節では、「綿ハ油蠟等にも先だちて、身をふせぐ第一のものなれバ、作らざる所へハ上《かみ》より御世話あらせ度ものにこそ」といい（同上、四三七頁）、あるいは、紙の製法について記した節では、「余作をするハ百姓の大きなる強ミ也。領分中にて作り出す所を集むれバ大ひなるもの也。然れども初め一旦ハ御地頭より御費《ついえ》あらせられ、植試の上にてをしへ給ハざれバ、あやぶミて仕かゝるものにあらず。此所をよく御考の上行《おこなわ》せられ度もの」という（同上、四四八〜四四九頁）。

宮崎安貞もまた上に立つ人が農民を指導せよと説いた。安貞はいう。「先よく農術をしりて後農功を勤むべし」と。それは当時の農民が「其術委しからざるゆへ、力を尽し農業をいとなむといへども、其功すくなく其利を得がたき事をしる」がゆえであって、「上《かみ》つかたなる人」が心にとめて「よく農業を教へしめす」が肝要である(2)。上に立つ人がどのように教え示すか、安貞はこれ以上述べていないが、永常になるとその主張はさらに頻度を増してくる。

地頭が世話をするということには、永常のもう一つの期待があった。それは彼の農書の価値を認めた地頭が、村々の長に彼の農書を頒布してもらいたいという、彼らしい打算である。彼が出版者に宛てた書簡の中には、例えば『除蝗録』について、「扨《さて》除蝗録如何ニ成候哉、御ほり立に相成候ハヽ、早々拾冊程早々飛脚便ニ御遣し可被下候。早速御老中様方御勘定御奉行方御吟味役方へ出し、売弘めの義願ひ可申候(3)」、「此本出来候ハヽ、早速越前守へ弐冊御上ケ可被下候。昨年相伺置候処、出来之上前編通り可申付との御意御座候故、その段別段書付を以拙子より願上候積りニ御座候(4)」、「当方親玉も再勤有之候時ハ、是非兼而《かねて》申候通、前編同様売出し願候つもりニ御座候へは、当月中校合スリ御遣し可被下候(5)」と記している。文中の親玉とは老中水野忠邦であって、『除蝗録』の前編は水野の力によって売り弘められ、後編もまた水野の力を借りようとしたが水野の失脚と出版の遅滞によりそれは叶えられなかったようである。水野とのつながりで、永常は一時浜松藩への出仕も叶っている。永常が期待した地頭の「御世話」は彼の農書の販売にまで及んでいたことになる。

3 「老農」が模範を示す

永常の農書が国産の奨励による領国の公益を増大させるということを大義名分にしている以上、まずは領国を支配する地頭が乗り出すことが先決であるけれども、それだけでは費用がかさむ割には百姓は動かない。地頭と百姓の中間には、その間をつなぐ第三者の役割が重要となる。地頭がやり過ぎれば失敗に終わるため、農民が自主的に動き出すための仲介的、触媒的な役割が求められるのである。永常はその役割を、「老農」あるいは「農事に委しき人」に期待した。

『国産考』の初編で、彼はそのことを強調した。田原藩に取り立てられた永常の失敗に終わった体験が反省を込めて生かされている。国産を起こすために、領主が命令して役所を設けて奉行を置き、それぞれの担当の役人を介して農民をせき立てても、費用ばかりかさみ成果に結びつかない、彼を取り立てた渡辺崋山さえそのことに立腹する、というような体制では事はうまく運ばないことを、永常は痛感したのである。彼はいう。例えば、櫨の木を植えたとしても、「実の選びなく接木にあらざれバ」三、四年にして収穫量は減少する、その選種や接木はその方面の農術に委しき人の意見をよく聞くことだ、と。彼の言葉を引用してみよう。

「夫国産の基を発《おこ》さんとならバ、其事に熟したる人をかゝへ入て、其者にすべての事を任し、耕し種《うゝる》ならバ、二三反或ハ四五反の田畑をあてがひ、心のまゝに仕立させ見給ひなバ、農人おのづから見及びて其作り方を感伏せバ、利にはしる世の中なれバ、我も〳〵と夫にならひて仕付るやう成べし。始より領主の威光をもつて教令してハ却《かえ》りて用ひず弘まりがたきもの也」(『国産考』資料集第二巻、五一三頁)。

櫨栽培の技術は永常の最も得意とするものの一つであって、その後一八五四(安政一)年に刊行した『農家益続篇』でも同じ趣旨のことを記している。

「櫨を多く仕立国所《くにところ》の産物ともなさんと思ふ人ハ、後篇と此続篇とを合せ見て此通に行ひ給ハゞ誤も費《ついえ》もなく国の益となる事疑ひなかるべし。抑国産といへるハ、部下の民を教へ其産し出す所をもて国利とすれば、先《まず》櫨に委しく熟練したる者をえらび植試《うえこゝろみ》させなば、自然《じねん》に一国窺倣《きほう》せるものなり。仮令《たとい》威光をもて植弘ん事をふれしらせ給ふとも人の心まちくなれバ、却て行れぬもの也。右云如く現在手本を出《いだ》し見せなバ利にはしる人性《にんじょう》の常にてあれバ、年を重《かさね》ずしてならひ植ひろむべし。然る時ハ其勢ひ五穀にも勝り一国の大利となりて、石州の半紙、五嶋の鯨疑ふに足らざるべし」（『農家益続篇』資料集第三巻、二九二頁）。

永常は、老農という言葉もよく使っている。一八〇四（文化一）年に出版した『老農茶話』では書名にそれを用いた。その巻首には、「一村一邑《いちゆう》の長《おさ》たらん人の少しも国に益あらんことを疎《おろそか》になしてんやと、愚なる筆に書付侍《かきつけはべ》る」と記している（『老農茶話』資料集第一巻、八三頁）。この書については、その後の『除蝗録』の中に、「先年老農茶話と号して是を除《のぞく》の方を文化紀元のとし和州《やまと》の県令へ書して献《たてまつ》りしに、速《はやく》も梓にあげ給ひて部下にあたへ給ひけるが」云々の文言があり（『除蝗録』資料集第一巻、三九一頁）、大和の県令が官版として領内に交付したことがわかる。これは永常が大和国五条代官池田但季に願い出て出版を実現させたものである。

この『除蝗録』に寄せられた秋田の奥山翼の序文には、永常自身を老農と称している。「孔子曰はく、吾、老農に如かず、吾、老圃に如かず、と。今や老農老圃、反りて猶ほ、吾、亀翁に如かずと謂ふが如きか」とある（原漢文、右に同じ、三八八頁）。亀翁とは亀太夫または亀内と号した永常である。あるいは、上述の『農家益続篇』に序文を寄せた「備後の菅晋帥」もまた、「大蔵翁は老農なり、老圃なり。其の地力を尽くすの方、之を得て、親《みずか》ら之を試み、勤めて之を用ふ。悉く効あり。其の説くこと詳かなり。其の術精し。農家益の書、頻々の撰著実に当世有益の言にして無用の弁に非ざるなり。不急の察に非ざるなり。是れ宜しく速やかに刻して伝ふべし」と記している（『農家益続篇』資料集第三巻、一一九一頁）。これを記した菅晋帥は、備後福山の神辺《かんなべ》で廉塾を開いた著名な漢学者菅茶山であって、永常とどこで会いどのような縁で序文を寄せたかはわからない。

これらの序文に、老農、老圃という言葉が出てくる。元を辿れば『論語』に由来するもので、日本でも近世農書の中で頻繁に使われた。永常のいいたいことは、農政の長は、老農の意見に耳を傾け、老農に実地試行させて、農民に実例を示せば農民も動き出すと主張したことであって、その老農の一人は外ならぬ永常自身であったということである。そこにもまた永常らしい打算が垣間見える。

4　働く女性の位置づけ

戦後に盛んになった女性史の研究者の中には、近世農書の中に働く女性の姿のあることに着目した人たちがいる。

長島淳子は、「女不在の農書」「もの言わぬ女たち」の実態に迫るため、加賀国の十村役《とむらやく》（百姓身分の農民指導者）土屋又三郎の残した『耕稼春秋』『農業図絵』を取り上げている。田植

表３　大蔵永常の農書における女性労働の絵図

番号	刊年	書名	絵図件名
①	1802（享和 2）	『農家益』	無題 2 図、「蒸粉（むしこ）を俵に造る図」、「篩器（ふるひ）にてふるひ分ける図」、「干莚（むしろ）畳（たゝむ）図」
②	1804（文化 1）	『老農茶話』	「徳苧樹（とくをき）へぐ図」ほか、「徳苧布練（ねる）図」「徳苧績（つむぐ）図」ほか、「徳苧布の蒲団（ふとん）を制（したつ）る図」ほか
③	1810（〃 7）	『豊稼録』	「はたに育てる苗にて田植する図」
④	1822（文政 5）	『農具便利論』	「風起莚（かぜおこし）」、「畿内農家の竈（かまど）」、「麦こきにて麦をこぐ図」、「取桶（とりおけ）一名ふりつるべ」
⑤	1824（〃 7）	『再種方一名二度稲之記』	「苗代の朝露をおとすてい」、「六月に再び植る図」
⑥	1826（〃 9）	『除蝗録』	「水口より油を入また水をくミ入て田一めんに油をゆきわたらしむる図」、「稲葉にのぼる蝗（いなむし）を竹のむちにてたゝき落す図」
⑦	1829（〃 12）	『油菜録』	「土性のかろき所にて蒿（わら）をしきて土を切あぐる図」、「はえたる苗を間引図うろぬくともくけるともいふ」、「苗を引てこしらへ植場へはこぶ図」、「苗を植る図」、「かりたるなたねを畦（うね）とうねの間にすかして干（ほす）図」、「塵（ちり）をさり俵に納る図」、「打棚にて刈干たるたねを打落す」
⑧	1830（〃 13）	『製葛録』	「掘たる葛根（くず）をたゝきひしぐ図」、「たゝきひしぎたる葛を水ニてもミすぢのかすをしぼりとる図」、「葛粉を干図」ほか、「曝葛（くずをさらす）図」ほか、「葛のつるをゆでる図」、「河よりあげて薦（こも）又ハ刈草をかぶせてむすところ」ほか、「はぎたる皮をこきあげて干図」ほか、「葛苧をさきてつなぎ糸車にてくだにする図」ほか、「織あげたる葛布の結び目をはさみとりつやつけてゐる図」

⑨	1832 (天保 3)	『農稼肥培論』	「池水にて木綿綛(かせ)を染る図」、「油糟(あぶらかす)を粉にする図」、「魚を料理する図」、「きらずに葛を交て団子(だんご)をこしらゆる図」、「蛤蜊(あさり)貝を砕きて肥しとする図」
⑩	1833 (〃 4)	『綿圃要務』	「蒔(まき)たねにする綿をくりて俵ニ入貯ふ図」、「綿を摘(つむ)図是をわたとりといふ」
⑪	1836 (〃 7)	『製油録』	「水車にて種子(たね)を粉にする図」
⑫	1837 (〃 8)	『農稼業事後編』	「紅花をつむ図」、「紅花をつミかへりて黄汁をもミ出し其汁にて木綿をそむる図」、「紅そめする所」ほか、「紅とる図」ほか、「独りにて籾する図」、「川芎(せんきう)をほりて根を取(とる)図」、「川芎を煎(に)る図」
⑬	1859 (安政 6)	『広益国産考』	「耕たる田へ水をはり藺(ゐ)の苗を植る」、「紫草の根と茎とを折わけて居る図」、「萆薢(ところ)製法の図」、「蕨粉(わらびこ)を製する図」、「豆をいる図(醤油)」、「葛粉を製法する図」、「蚕を養ふ図」、「漉(すき)たる紙を板にはきつけ日に干(ほす)図」、「人形を胡粉(ごふん)にて下ぬりする図」、「人形彩色仕立あげの図」、「海苔(のり)を漉(すく)図」、「梅実(うめ)を四斗樽に漬て諸国へ運送の図」、「葡萄(ぶどう)棚の図」

えは古くから早乙女《さおとめ》の仕事とされていてその状況は変わらない。その後の草取りや追肥などにも女性が加わっているし、千歯扱《せんばこき》の脱穀も女性の仕事である。「田方、畑方の砕土、播種、田植え時の苗取り・苗植え、施肥、除草、収穫、運搬、脱穀調製、採取、養蚕、一連の機織り仕事と衣類作製、わら仕事、商品作物の販売、日々の食事仕度やハレの日のご馳走作り、洗濯などの家事、出産・育児全般、病弱者や老人の介護・世話などに、なくてはならない存在」として女性がいたという(6)。

菅野則子は、この『耕稼春秋』に『会津農書』『百姓伝記』『粒々辛苦録』を加えた四農書を横に並べて女性労働の事項を摘記している。特に越後長岡藩の儒者高野余慶が一八〇五(文化二)年に執筆した『粒々辛苦録』は、『耕稼春秋』より百年近く後のものであるだけに、女性労働の内容が多様化している。稲作へのかかわり以外に、機織・縫物・養蚕などは従前と変わらないにしても、冬には、「山家の女、夫とともに色々の山稼」、秋には、「国々所々により、商事、出稼、半季奉公、日雇など」賃稼ぎの仕事が加わっている。女性労働の作業過程への関与は年とともに多様化していることがわかるという(7)。

ここで筆者の注目したいのは、大蔵永常の農書である。後述するように永常の著作物は、農書の枠を越えて農民の生活全般に及んでいて、当然女性も登場してくるが、ここでは彼の農書に限って農作業に従事する女性の絵図を拾い上げてみると表3のとおりである。彼が自己の著作物を民間に普及させたいという啓蒙的意図から多くの挿絵を入れたことについては先述した。彼はその挿絵に題名をつけて仮名を振ってある。この表では難解と思われる題名のみ（　）をしてその仮名を付した。同じ丁（袋とじの表裏で二頁が一丁）の中にいくつもの題名の挿絵があるものは、「ほか」としてすべてを挙げることを省略した。

他の近世農書と同じように、永常の農書も主となる対象は男性であるため、女性の姿は男性に比べてはるかに少ないけれども、しかしこれだけの数は注目に値する。野外の仕事や体力を要する仕事は、当然男性の役割であるにしても、農家の利益を増すことを至上命題にしている彼の農書にあっては女性の協力は不可欠であり、あえて男女の役割を区画することも不必要であった。例えば、『綿圃要務』の中では男性が女性の仕事と思われた糸つむぎをしていて、「大和河内和泉の三ケ国の田家にてハ、女にかぎらず男《おと》子《こ》もミな糸をつむぐなり」と記されている（資料集第二巻、九九頁）。便利な農具を推奨したのも、農業の合理化のために家族全員が協力して労働に従事することを意図したものである。例えば、「土覆《つちおおい》」という農具を掲出し、その説明文には、「麦などの種子物《たねもの》を蒔下して足にて土をかぶせる」かわりにこれを用いれば、「老人女子にも心やす

図９　男女協業の図（葛の製造），『広益国産考』資料集第3巻，434頁

く出来る也」と記している（『農具便利論』資料集第一巻、二四三頁）。

永常の意図を汲んでか、挿絵画家は、働く女性の姿を明るく描いている。赤子を背負った母親の図もある。一家の利益に向かって、男性は農書を通して各地の情報を得、それに自らの工夫を加えて農作業にいそしみ、女性はその目標に向かって協力している姿が多い。これらの農書に見るかぎり、近世農村女性は、サムライ社会におけるほど家父長への隷属の度合いは強くない。逆に一家の実権は家婦が握っていたと思われる節さえ見受けられる。

注

（1）飯沼二郎「（広益国産考）解題」日本農書全集第一四巻、一九七八年、四二七〜四二九頁。
（2）宮崎安貞『農業全書』日本農書全集第一二巻、一九七八年、二四、二八頁。
（3）天保一二年六月二二日河内屋記一兵衛宛書簡（資料集第三巻、五五七頁）。
（4）天保一三年五月二三日河内屋記一兵衛宛書簡（右に同じ、五六七頁）。
（5）弘化元年四月二日河内屋記一兵衛宛書簡（右に同じ、六〇二頁）。
（6）林玲子編『日本の近世⑮女性の近世』中央公論社、一九九三年、二五七〜二五八頁。
（7）女性史総合研究会編『日本の女性史③近世』東京大学出版会、一九九五年、七〇〜七一頁。

第四章　農書から拡張するジャンル

1　「農書一三種」の構想

一八二六（文政九）年に刊行した『除蝗録』には、秋田の奥山翼の序（漢文）があり永常の構想する「農書一三種」が列挙されている。既刊の『老農茶話』、『農家益』、『農具便利論』、『豊稼録』、『再種方』、『除蝗録』、『民家教育草』に加えて、これから刊行予定の『琉薗百方』、『棉圃《（ママ）》要務』、『甘蔗大成』、『抄紙必用』、『葛粉製方録』、『民間書簡法』の合わせて一三種である。「農書」と称しつつも農業技術論の域を大きく越えていることがわかる。ところが永常のその後の執筆活動を見るとその幅はさらに大きく拡張して、もはや農書という範疇には入れ込めないような農民生活全般についての著作物が著される。

なぜ永常はそこまで拡張したのか。生計の資を得るために売れる本を次々に書いた、という説をなす者もいるが、筆者はそのことを認めるにしてもそのまま同調できない永常像を描いている。一言で表せば、永常の農業啓蒙家としての人物像である。以下においては、農書の範囲を逸脱すると見なされがちな、五方面の著作物を取り上げてみる。

2　百姓・町人の心得を語る「子育て書」

永常の構想していた農書一三種の中には『民家教育草』として含み入れられているので、彼にとっては農書の一種である。一八二七（文政一〇）年に、永常は『絵入民家育草《そだてぐさ》』を出版した。すでに『農家益』や『農具便利論』などの先端の農書で世間の注目を集めつつあった永常が、一見してそれとは色合いのちがう教育書を刊行したのである。彼は「自序」の中で、そのいきさつについて、「農家の身の行ひ、心のおきどころ」について書くことを人にすすめられたので、「ひじりのしるし置《おき》給へる事」や「賢き人のしめし給へる事」などを書き綴った、と記している。農家だけではなく町家も含めて書いた、とその序には断っている。

内容は堪忍《かんにん》、孝行、倹約、陰徳といった百姓町人の心得るべき訓話を、具体例を挙げながら平易な語り口で書き綴っている。書名が「育草」となっているのは、幼少の時より親が子どもに教え諭すことを中心とした子育て論となっているからである。後述する石門心学の脇坂義堂の著わした『撫育草《そだて》』と同じように幼少期の教育の重要性を説いている。永常はいう。「幼少より物事自由にならぬやう育べし」「小児は二歳《ふたつ》の頃より朝寝をせざるやうすべし」「親のをしへなき故不幸の子いでくる事多し」「幼少の時より虚言《うそ》を言ならハせざるやうすべし」等々。西洋でルソーが幼少期を自由に自然に育てよ、と説いたのとは反対の主張であって、江戸期の子育て論の典型例といえよう(1)。

本書の末尾には、永常が六〇歳に達したこの時、この書を出すに至った心境を記した一文がある。それまでの永常は、「与風《ふと》思ひ付しにハ、矢張豊作の事を委しく諸国の老農に問ひ、人にをしへ悟さバ、僕が分相応の報恩の万一にもあたるべしと思ひ付しにハ、矢張り、心がけぬるまゝ、今各《おのおの》にも作物の相談相手とはなりぬ」けれども、「世に農書をつゞり残したく思ふ志ハ切なれども、つひにハ年老ぬれば、此事も徒《いたずら》に成ぬる事こそ口をし」ければ、「只善人《よきひと》の仰《おおせ》られし事どもを聞覚えて有丈《あるだけ》を物がたりせし而已《のみ》」と弁明している(『絵入民家育草』資料集第一巻、四七三〜四七五頁)。末の世にまで残すために農書のほかにこの書を著わしたというのである。しかし、その後の世間の評価は、彼の思いとは逆に農書のほうが評価されて末の世に残った。

3 日常の読み書きを助ける「簡易書簡書」

上述した永常の農書一三種の中に『民間書簡法』と記されていたものである。先哲叢書の中には採録されていないけれども、かつて筆者は、日田において次の三書を閲覧したことがある。一八二八（文政一一）年の『文章早引』と一八三三（天保四）年の『文章かなつかひ』と一八五三（嘉永六）年の『民家文章早引大成』である。しかし、序文の年と奥付の年との間に食い違いも見られ、正確な出版年は確かでないので、ここでは先哲叢書に拠った。

これら三書のうち、日田市立文化センターには『文章早引』と『民家文章早引大成』が所蔵されていて、文政一一年に記された自序は同一文である。「夫レ昇天日久しく文運盛に闢《ひら》け文士墨客その人に乏しからず。日用雑字の書も亦多し。しかれども已に世に行ハる丶書翰文章の書を見るに熟字を集むるハ文を書くに用少く、文体を編めるハ語を覧るに由なし。今予か編輯する文章早引ハもとより我か机上の用に充るの具にして便覧に備ふるのミなり」といい、もとは自分の便宜のために作成したものであるが、すすめる人があり、「童蒙幼学の一助となるのミならず、民間産業に暇なく、書学に疎き者の為にハ、いかばかりか裨益多からん」と考えて出版した。(2)『文章早引』は手紙の書き方などを記した五七丁の書であるが、『民家文章早引大成』はそれにいろは順の用語辞典を加えて、五六〇丁の大冊にしている。小型の横本である。

『文章かなつかひ』は一八九〇年大阪の嵩山堂から出されたものが日田市立淡窓図書館と国立国会図書館に所蔵されている。その凡例には、「凡此書に載るところハ文字の音訓言語の雅俗に拘ハらず日用に便りなるものをすべて集む」とあり、その巻之四の末尾につけられた「自跋」では次のように記している。永常が著述に際し仮名つかいの弁別として座右に備えるために編述した一種の字引であって、奥付には、天保元年出版、明治二十三年発行と記されている。その自跋の全文は次のとおりである。(3) 石川雅望の序文は文政一二年となっている。

「世にとり用《もちふ》べき文字のかなづかひといふ物書つゞるハ、おのれ学にたけて撰びたるにあらず。もとよりさる理学《すぢ》びたる事なけれバ音訓のことさへわきまへず。いにし享和のころ聊《いさゝか》なる農業の書をつくりて梓にのぼせ、夫《それ》よりつゞきてさる類の農書を種々つゞれるに、かなのわかちなくしるしつれバその義理のたがへる事あるによりて、学の道を志《こゝろざし》てある大人の許にいたりてをしへ給へとこひければ、大人の曰、そこの年たけて学にこゝろざすこと已におそしとゆるし給わねバせんすべなくてやミぬ。つら〳〵思ひめぐらすに近き世もろ〳〵の書ども多くいできてかくる事なきやうになれども、国の学のはじめとすべき仮名づかひの書ハ古言梯字音《こげんていじおん》かなづかひなどあれど、古《いにしへ》になれるのミにして世の中に常にかならず用ふる詞《ことば》どもの仮名づかひの書なきハなほあかぬわざといふべし。予が如き学にうときものハ盲人《めしひ》の杖を便に行《ゆき》かふに同じけれバ、旦暮《あけくれ》其事を愁ふる余《あまり》に世のつねにかきかはす詞のあやまるべきを撰び集めて、かの大人のもとにとひ訂《たゞ》して漸《やう〳〵》に此書なれり。全くあしなへの車にのりて遠き道をひかれゆくに譬《たとふ》べきわざなれバ、きハめて誤も多くもれたる事ハた少なからじと覚ゆ。そハこゝろつき玉ハむ人々書記給ひて書肆《ふミや》のもと迄送り玉へかし。其為に一言ごとのしりへを明置《あけおけ》バ頓《とみ》に加へたして弥《いよ〳〵》便あらしめんとするぞ予がふかくねがふところなりける。

庚寅仲秋　大蔵永常誌」。

民家、つまり百姓商人職人などには、学問は不要だと主張する永常がなぜこの種の辞書を作ったのか。先哲叢書の解題者は、詳しい分析は省略しつつも、「これらの作品が、読み書きの不自由な農民に利することを願って作られたものであることは間違いがなく、そういった意味では、これら国語辞書的作品も、農村の生活を豊かにするという永常農書のライトモチーフに適合する、重要な農書の一つであったと位置づけることができよう」という解釈をしている（資料集第四巻、四九四頁）。

4　勧善懲悪のエピソードを集める「教訓奇談書」

永常は、先に出版した『絵入民家育草』に気をよくしたのか、それから二年後の一八二九（文政一二）年には、『奇説著聞集』と題する五巻本を刊行した。その冒頭では老農久太夫に仮託した永常が長助なる農夫を相手にして「耳に入様《いるよう》に喩《たとえ》の話」をするという設定にして三七話の奇談を展開している。一話ずつ題目をつけて、孝道、正直、貞節、殺生などの道徳に結びつけている。

その後、やや間を置いてから、一八四〇（天保一一）年に『勧善著聞百談』を、さらに晩年に至って一八四七（弘化四）年に『勧善夜話』を、一八五三（嘉永六）年に『勧善夜話後編』を著わし、つごう四部作にした。農書と同時並行しての出版である。出版年は平井義人の考証による。

『勧善著聞百談』は、その前作よりもさらに怪奇性を強めた。永常の自序によれば、「百物語」といえば、昔より異界と現世をつないで、「異類異形の化もの」の出る話とされたが、彼はこれにならって「勧善百物語」（内題）と題して、「兼て聞置る様々のありし事ども」を書き綴りて「人のこゝろをよき道へはかさん」ため、「勧善懲悪の化ものあまた出なん事を深く希い」執筆したという。この言葉のとおり、化《ばけ》ものの登場する三六話を五巻に分けて書き記した。挿絵は松川半山である。

『勧善夜話』は、その後編を含めて、怪奇的で長文のものとなる。前編には、『昼寝夢《ひるねのゆめ》』の内題をつけている。永常の記した序文には、「世の中にありこし善をなしてハ栄え、悪をなしてハ、禍《わざわい》をまねきたる話のとり〴〵聞たるが耳の底にのこりしを今おもひ出るまゝ筆にまかせいかめしく書つくるこそいとものゝくるをしけれ」とある（『勧善夜話』資料集第三巻、三頁）。五巻に分けて一六話を記している。その後編は六年後のことであって、永常と交友のあった四六名の文人が永常の亀齢を祝う文画を寄せたことについては前述した。文盲散人銀鶏の号で序文を書いたのは、平井義人によれば畑時倚《はたときより》という文人であって、畑の自作『京摂漫録』を抄録したものを含むとしているし、永常自身も「こハ銀鶏先生の著す京摂漫録のまゝを記す」とか「銀鶏先生の京摂にて聞きたるまゝを漫録す」というような断わりをしているところから、すべては永常の創作ではないことがわかる。全五巻、二九話から成る。

これら四点の教訓奇談書を全体として見ると、登場する人物は、農民だけではなく、商人、職人、武士、僧侶、修験者など各層にわたっている。そこでは、殺生、不義、不忠、不正直、不孝などを戒める話が中心となる。それに反する者には、人霊《ひとだま》、幽霊、妖怪、鬼、天狗などが出て懲らしめる。化かし役としては蛇、猫、狐などが使われる。この時代の勧善懲悪談に共通していて新味ある趣向は見られない。なかには美談に類するものも含まれる。例えば、『勧善夜話後編』には「市川団十郎孝行の話」と題して、第八代団十郎の美徳を紹介しているし、永常が何をいいたいのか論旨不明の話もある。信仰の大切さを説く話も多く、特に金毘羅権現を登場させている。大阪から多度津に渡る船中で交わされる会話が舞台設定にされる。

永常の邦国である豊後国日田の話が五題もある。日田を出奔する前に聞き覚えた話であろう。「鶏をころし悪報ありし話」(『奇説著聞集』)、「人形座伊太夫が話」(『勧善著聞百談』)、「筑後国山本の観音の由来」(『勧善夜話』)、「狐の魂人間に入代りし話」(同上後編)、「狐の媒《なかうど》を人間がしたる話」(同上)である。日田に隣接する筑後国生葉郡(浮羽郡)や肥後国阿蘇郡の話も出るが、一番多いのは彼の居住した浪華にまつわる話である。

5　コメ不作に備える「飢饉対処書」

若いころから、永常の重大な関心事は飢饉をどのようにしのぐかということにあり、これが動機となり農書の執筆を始めたことについては前述した。農業の収益をあげるため新しい農業技術を奨励したわけであるが、いったん飢饉に遭遇したときの対処法もまた彼にとって大きな課題であった。永常の企画した農書一三種には含まれないが、天明や天保の飢饉を体験した彼はその対処法についての著作をした。天保年間の『日用助食竈《かまど》の賑ひ』と『徳用食鏡《とくようしょくかがみ》』、それに自筆稿本『救荒必覧』の三件である。これら三書は先哲叢書に所収されている。

『日用助食竈の賑ひ』の見返しには、「此書ハ飢饉のときいろ〳〵のものを製して食し、飢《うえ》をしのぐ事を記したる書なり」とあり（資料集第二巻、二頁）、また『徳用食鏡』の「惣論」には、「既に忠孝の道を、四、五歳の時よりその親教ざる故、不忠不幸のものハできるにひとしく、其主其親より教《おしえ》さとして、麁食《そじき》を勧めざれば、子児《こども》下男下女等ハ、主親の吝嗇《りんしょく》と心得、倹約をしらざるものなれバ、先教ふる事肝要なるべし」（同上、二七頁）と、子育て書の主張を麁食の奨励に使っている。前書の中には「だんごじる」など二三種の助食が紹介されているが、その「だんごじる」は永常の郷里日田では「だごじる」と称し、飽食の今では郷土料理として人気を集めているのは皮肉である。後書には、「豊後黄飯《おうはん》」「豊後鮑腸《ほうちょう》」など二二種の料理が出るが、同じ豊後でも豊後水道に面した海辺の調理法であって、いずれも米の不作に備えたものである。

6 民間療法を集成する「薬方書」

これもまた農書一三種には入っていないけれども、晩年に至って永常は、衛生医療に関する四冊の著作物をものした。一八四四（弘化一）年の『山家薬方集』、一八四八（嘉永一）年の『食物能《の》毒編』と『山家薬方集附録』、それに一八五一（嘉永四）年の『救民日用食物能毒集』である。

『山家薬方集』は、いろは順に、「疣黒然《いぼほぐろ》」から始めて「水腫小便《すいしゅ》」まで多種多様な病名をあげて、それぞれに妙薬を記している。平井義人による同書の「解題」では、明治に入って織田完之によって発見されたもので、江戸期には板本とならなかったようである。附録を含めると一九八丁の大冊である。永常の意図は、「医療にかかることのできない窮民や山里の人々に対し、家庭で直面する様々な病気・怪我にどう対処すべきかを説くこと」にあった（資料集第四巻、四九〇頁）。

『食物能毒編』もまたいろは順に「芋《いも》」から「郎君子《よがい》」までの食品について効能と毒性を記している。もともとは『山家薬方集』の附録として書き貯めたものを、その附録部分を一書にしている。これも当時の民間療法の諸書を参考にして永常が集成したものであって、「自序」によれば、漢文で書かれた医家学者の医療書は難解であるため高宮先生に重訂を乞うて、「山家の女子までも読わけやすきやうの小冊子」にまとめたという（『食物能毒編』資料集第三巻、九七頁)。末尾には、「食物喰合《くいあわせ》」がいろは順に記されている。「名医方の書給へる」ものを参考にしたというけれども、「うめとうなぎ」とか「すいくわとあぶらげ」など、およそ科学的とは思えない伝承が語り継がれている。その後に著わされた『救民日用食物能毒集』は『食物能毒編』の本文に、新しく「諸病禁宜《きんき》」と「食傷備急方」をつけ加えて改題したものである。

以上に挙げた多領域にわたる著作物を精力的に書き上げ、次々に世に出した永常を評価するには江戸期唯一の農業ジャーナリストという評言だけでは包み切れない。彼が予定していたとされる農書一三種を農書と見なすならば、2の「子育て書」と3の「簡易書簡書」まではその中に入れることができよう。5の「飢饉対処書」と6の「薬方書」までは、貧しい農民に対して危急の際に必要な知識を与えるという意味ではその延長と見なすこともできるであろう。「現在から考えれば非科学的な記述も散見されるが、当時としては必要に迫られたもの」であったからである(豊田寛三ほか『大蔵永常』一五一頁)。

一番問題となるのは、4の「教訓奇談書」をどのように位置づけるかである。このことは、これまでの永常研究者の評価も分かれる。永常の農業技術の先進性と道徳論の保守性の乖離については、後にさらに考察を加えることにするが、ここでは彼がこの種の教訓奇談書を執筆したことの意図についてだけ言及しておく。『勧善夜話後編』に序を寄せた銀鶏(畑時倚)は、「農業の術に工《たくみ》」で「書十をもてかぞふ」永常が、「此度《このたび》ハ意外の文を綴りて序《しょ》を余に乞ふ」とその意外性に驚きつつも、「此中深意あり」と解した（『勧善夜話後編』資料集第三巻、一四五頁）。その深意とは果たして何であろうか。また、『奇説著聞集』に載せられた六樹園と号する人の序には、「この五巻は大蔵亀翁の述作なり。翁まめ〳〵しきこゝろより、物しらぬたミどものをしへ草にもなれかしとて、聞置たる物がたりどもをとりあつめて、かうハ物せられたるなり。されば、文辞をかざらず、ワらはべのみゝに入やすからんことをむねとせられたり」とある（『奇説著聞集』資料集第一巻、五五一頁）。前述した「まめろしい翁」という言葉がここにも出てくる。そのまめろしき永常が童子にわかりやすい物語を記した、ということである。

復讐奇談の書は世にもてはやされて読む人が多いことは永常も認めていて、自己の農書の普及に腐心していた彼が、売らんがための本を書いた、と解すれば、さほど無理はない。しかし、永常の伝記の執筆者の一人佐藤晃洋によれば、永常はこのような伝記小説の出版によって自分の名前を多くの読者に知ってもらうことを意図していたという意味で、「増殖していく農書」として理解すれば、視点も変わってくる（『大蔵永常』一四六〜一四七頁）。筆者は、永常農書の拡張と考えてみた。それは農書の枠をかなり逸脱した拡張であったからであるが、著作者永常の「深意」は、なおはかりかねる。

筆者として少なくともいえることがある。永常が江戸期の農学者として高い評価を与えられることは当然であるが、同じ評価を得ている宮崎安貞や佐藤信淵とのちがいがあるということである。永常は農民の倫理、教育、医療、食物、言語などの幅広い著作物をものしたことは、農民生活をトータルにとらえ、当時貧窮にあえぐ農民を、収入面だけでなく生活全面において豊かにしたいという、その一心から出たのではなかろうか。そうであれば、永常は江戸期の最高の農民啓蒙家であったといえそうである。

注

（1）湯川嘉津美「大蔵永常の子育て論―『絵入民家育草』を中心にして」『広島大学教育学部紀要』第一部第三三号、一九八四年。

（2）大蔵永常『文章早引』一八二八年、自序（日田市立文化センター蔵）。

（3）大蔵永常『文章かなつかひ』大阪・嵩山堂蔵梓、一八九〇年（日田市立淡窓図書館蔵）、国立国会図書館には『文章仮名《かな》用格』の件名で所蔵されている。

第五章　技術論と道徳論の乖離をどうみるか

1　技術論の先進性

永常農書は、まぎれもなく、多くの点で先進的であった。例えば、コメつくりの収穫量を増すために、除蝗に鯨油を用いたり、刈り取った稲を掛干しにしたり、土佐で用いられている二期作の方法を奨励したりしたし、あるいはそれまでの五穀中心の農業ではなくして、多種多様の換金作物を栽培したり加工したりすることなど、永常ならではの発想があった。これらの永常農法のもつ先進性については、これまでの永常研究者、特に農業技術史の研究者が高い評価を与えてきた。特に、彼の肥料論と農具論に注目する人が多い。

肥料論は、一八三二（天保三）年刊行の『農稼肥培論』で展開される。該書は、永常の自信作であって、大阪の書肆に宛てた書簡の中で、「培養論は拙子生涯之出来本と奉存候得バ、早くほり立諸大名様方へ入高覧度奉存候」として、諸大名に献本するため板木彫りを急がせている。(1) この書は、土質や肥料などに蘭学から学んだ知識が盛り込められている。永常と蘭学の関係は次章で述べる。

農具論については、『農具便利論』で多数の利便性の高い農具を図解したことを前述した。初版本の刊行は『農稼肥培論』よりも一〇年早い一八二二(文政五)年と推測されている。明治期に入っての刊行も多く、明治三〇年代になっても刊行されているので、永常農書の中では最も息の長い作品であり、他の近世農書と比べても異例である。永常はその自序で執筆の意図を記す中に、次のように述べている。

「予嘗て諸国を遍歴して、此方彼方《こなたかなた》にて数多の農具を見聞したるに、大に便利なる器あり、又甚不便利なる械あり。若《もし》其器械不便ならむにハ、強壮の男子をして耕さしむるといへども、徒《いたずら》に力を費し空く労を増て、其成就する所の五穀もまた堅実なり難し……嗚呼農業ハ、国家第一の急務にして忽《ゆるが》せにすべからざる者也。因て、予此年月、耳に聞目に見し便利なる農具を撰次し、世に公行し、善く万民の労を省き、広大なる国恩の万一をも報ぜん事を思ふ事、こゝに年有」(『農具便利論』資料集第一巻、二〇六~二〇七頁)。

この書は、各地の農具を図解し、土性や用途に応じた効用、細かな尺寸、さらに加えて販売金額まで記し、農民が製作や購入に役立つよう配慮をこらしている。鍬に多くの丁数をさき、最後には造船術にまで及んでいる。この書にも蘭学から得られた情報を入れ込んでいる。

江戸期はもちろん、近代に入っても日本の農書は、農民に対して勤勉な労働を奨励するものが多い。「星を戴いて出て月を踏んで帰る」ことが美徳とされた時代において、永常は便利な農具を使って作業能率を高め、余力があれば換金作物を栽培するようすすめた。彼は省力の効果を具体的な数字をもって示し、怠惰な農民とか楽をする農民といった観念を打破しようとした、そのことの先進性は高く評価されてよい。特に注目したいことは、便利な農具で労力が軽減されれば、女子や子どもも農事に参加することができるようになる、と本文にも記していることである。挿画の中には、ムギの千歯扱《こ》きを使って男女三人が横に並んで作業したり、取桶（一名ふりつるべ）では男女二人が両端の紐を引いて水を汲み上げている。全般的にみて、男女とも労働を楽しんで農作業をしている挿絵が多い。近代につながる技術論の先進性については次章で考える。

2　道徳論の保守性

近世社会においては、農工商の民衆に対して守るべき道徳を説いた人は多い。商人の世界では、後に述べる石田梅岩を始祖とする石門心学者たちの活動が注目される。

農民の世界では、二宮尊徳（一七八七〜一八五六）をもって第一人者と目すべきであろう。貧農の家に生まれた尊徳は、自ら荒地の開墾に成功したのち、小田原藩をはじめ、各地の貧窮する藩や旧家に請われて財政再建の「仕法」を考えた。彼の仕法書は農業技術だけでなく一藩一家の再建に必要な農民道徳を説いていて、その道徳として、至誠、勤労、分度、推譲の四つの徳目をさし示したことは有名である。尊徳は、明治以降も修身教科書に取り上げられるほど有名であって、薪を背負って読書する二宮金次郎像は、文部省のすすめもあって全国の小学校に設けられたし、尊徳の思想を信奉する人々は報徳会をつくり、その顕彰につとめた。

梅岩および尊徳と比較したとき、永常の説く徳目は何であったか。まず注目すべきは、彼の教訓書である『絵入民家育草』は民衆、つまり広範囲の庶民を対象としていたし、その後の三冊の奇談書はさらに幅広く、農工商の庶民だけでなく武士や僧侶なども対象とされている。農書の著作者永常の道徳書は、農民の道徳書といい切れないところに、まず最初の乖離がある。そのことが原因なのか、永常が農民にいかなる道徳を求めたのかは彼自身が明確に述べていないため、推察の域を出ない。彼の教訓書および奇談書の中から、それを探し出すしか方法はないが、彼はさまざまの思いつきに似た逸話を並べているだけで、その裏にあるものは、善行には報いがあり悪行にはたたりがある、という平凡な勧善懲悪の考え方しか見えてこない。しかもそれは農民に限ったものではない。

そこで彼はいかなる内容の教訓や奇談を持ち出したかということが参考になる。彼が伝えようとした善行の中で特に頻度の高いものを挙げてみると、孝行、正直、貞節の三徳目ではないかと思われる。この三徳目にかかわる逸話は他の徳目より断然その数が多いからである。以下にその事例を紹介してみる。

孝行については、『絵入民家育草』に彼なりの説明を記している。

「孝行の事御尋候得ども、中々此事ハ学者か、徳ある人ならでハ説述《ときの》ぶる事かたし。然れども僕日外《いつぞや》さる先生に聞たる事あれバ是を語るべし。それ孝ハ人の大道なりとて、大聖人も第一の事とし給ひ、徳の本也と説置賜へり。賢者も又仁をするの本と説けり。子たるものハ先何事も親の心にそむかざるを始とす。我より拵てよろこばする事は出来易けれども、そむかざる事至てかたし。此かたきことをつら〳〵愚考するに、第一親を心易く思ふよりおこると見へたり。心易く思ふハ、親ハ大切なるものとおもふ心の信心なき故也。此親大切の心を起さするハ、善人《よきひと》の教示によらざれば起る事なし。身上宜き人は先生をたのみ、忠孝の道はかやうにするものなりといふ事を教へてもらひ、又常に諸国の孝行人の行状を貯へ置き、よみ聞せ咄《はなし》にも致し聞せなバ、孝行なる事を自然としるものなり」(『絵入民家育草』資料集第一巻、四五九頁)。

この読み聞かせ話が以後の奇談書の中に数多く登場する。例えば、『奇説著聞集』には、「農夫清九郎が孝信の話」「孝女村中にて鯉を得る話」「乞食孝女に米をあたへし話」「孝行なる侍の話」「母に不幸にして悪報を受し話」「不幸にして親の位牌背中につきし話」「親を売て刑に逢ひし話」「辻君親に孝行なる話」「孝の徳によって子を神に助けられし話」「不幸にして悪報ありし話」など、『勧善著聞百談』には、「南都孝女の話」「孝子治三子《じさこ》が話」「孝子母の墓を改葬する話」など、『勧善夜話後編』には、「息子勘当請《うけ》後孝行人となりし話」「孝心なる娘の話」

「市川団十郎孝行の話」などが並べられる。

正直にまつわる話も多い。『絵入民家育草』では虚言を戒めた一節がある。「幼少の時より虚《う》言《そ》を言ならハせざるやうすべし。四、五歳の時分より少しの虚言をいはゞ厳敷折檻《きびしくせっかん》してなりとも直すべし。打すて置《おけ》バ大きなるうそつきとなり、他人は素より親類家来迄ニもうとまれ、此うそよりさま〴〵あしきなかだちと成也」といい、楠正成が家来との約束を守った例を出している（同上、四六九頁）。

具体例としては、『奇説著聞集』に、「ひろひたる金を返し福《さいわい》ありし話」「金を拾ひて返せし義士の話」「金を拾ひて死したる話」「正直にして栄えし話」など、『勧善著聞百談』に、「正直なる馬士《うまかた》の話」「旅人の金をとり蛍《ほたる》に責ころされし話」「贋物《がんぶつ》を拵へし報ひの話」「日本左エ門旅人を殺し金を取し話」など、『勧善夜話後編』に、「拾ひたる金を預け欠落《かけおち》したる話」「落し置たる金を娘ひろひ置《おき》かへせし話」などが出てくる。拾った金を隠さずに正直に持ち主に返して報いがあった、という誰にもわかりやすい卑近な話題が多いのが特に目をひく。

不貞もまた永常の忌むところである。『絵入民家育草』にはこれに関する言辞は見当たらないけれども、その後の奇談集にはこれにまつわる興味をそそる逸話が出てくる。例えば、『奇説著聞集』には、「密夫報ひありし話」「密夫をころせし話」「貞節を守り老後婚姻せし話」「更級の貞婦の話」など、『勧善著聞百談』では「夫に密通せし女を恨ミ死して取殺せし話」「貞婦松山が話」など、そして『勧善夜話後編』では、「怒にて女鬼形《きぎょう》を顕せし話」などが出ている。

以上に挙げた孝行、正直、貞節の三つの徳目のほかにも、陰徳のすすめとか殺生の戒めとか、諸種の訓話や奇談が出てくる。最初の『絵入民家育草』では学者や善人の所説を借りて何とか理由づけをしようとした努力のあとは見受けられるものの、その後の著作物は読者の興味本位の奇談を集成したものである。永常は全国の便利な農具の情報を集めたのと同じ手法で全国の奇談を寄せ集めたともいえよう。当時この種の奇談が各地でまことしやかに語り継がれていたことの証拠にもなる。彼が約三〇年住んだ大阪で聞き集めたものが多いけれども、出奔前の郷里日田の奇談も六題含まれる。

それでは、これらの奇談は永常の創作、つまりフィクションかといえばそうではない。例えば、「筑後国山本の観音の由来」のあらすじはこうである。筑後の庄草野某という領主が従者を連れて日田郡内河野に出たとき、かつて栄華を誇っていた草壁某という長者の邸宅が荒れ果てて末娘一人が取り残されていたので、わけを尋ねると、夜な夜な魔性が襲ってきて家族を連れ去ったという。そこで草野はその夜弓矢を構えて待ち伏せ、その魔物を退治して、その鮮血の跡を辿ってみると、草壁がかつて切り倒した山中の栢《かや》の木株で途絶えていた。その後もこの木精のたたりが続いたので草野はその木を持ち帰り観音像を彫ったところ静まったというのである。余談ながら筆者は日田郡五和村の生まれで、村内にある内河野の草壁の邸のあったあたりの洞穴にも観音像が置かれていたのを見たことがあるし、この話は幼いころ地元の古老から聞いた覚えがある。『遠野物語』の民話を連想させるようで、永常の怪奇談もここまでくると道徳書の域を出てしまう。

ところで、かの吉田松陰が、永常の『勧善夜話』を通読し、コメントしているという事実は余り知られていない。まずは、松陰自筆のコメントを掲出してみよう。日付は安政丁巳六月となっているから、一八五七（安政四）年六月のことである。ペリーの軍艦に乗り込み密航を企てた廉で縛につき、萩に送り返されて幽居生活をする間に読書と思索に明け暮れ、その間松下村塾で子弟の教育に従事するという、彼の晩年の最も輝かしい時期である。永常の『勧善夜話』全五巻のうち、四之巻の「稲守《いなもり》の娘親の敵《かたき》を討し話」を誰かに筆写させ、その上欄に自筆の訂正意見を記し、末尾に以下の講評をしている(2)。

「昼寝夢一名勧善夜話五巻、弘化三年丙午、豊後人大蔵徳兵衛、名永常、字孟純、号亀翁、七十九歳ニノ著ス所也。大蔵ハ老農老圃ニシテ、其著ス所農家益前編・後編・続編猶三編ヨリ十編マテ目録ニ見ユ農稼業事後編等盛ニ世ニ行ハル。頗ル親切ニシテ民事ニ益アリ。但其人無学無識ナルヲ以テ、此書ノ如キ鄙陋浅劣観ルニ堪ベカラズ。予其五巻中ヲ通覧スルニ凡ソ十六条アリ。内七条怪誕論フニモ足ラズ。又六条事理粗聴クベキナレ𪜈、深ク奇トスルニ足ラズ。但三之巻女夜盗ヲ捕ヘシ話、五之巻幼童兄弟親ノ敵ヲ討シ話、及此話トハ奇特ノ事蹟ト称スベシ。而ノ前ノ両話ハ余未ダ其実事ヲ得ズ。独此語反復精窮以テ其誣妄ヲ斥ルヿヲ得。因テ爰ニ其由ヲ記ス。盖シ大蔵ノ本意勧善ニアリ。事実ニアラズ。故ニ其事実ニ於ケル誣妄甚シト雖ﾓ、余敢テ其功ヲ没セズ。全文ヲ録シ、従テ其一二ヲ評正シ、討賊始末附録トス。
安政丁巳六月念四日　二十一回孟子藤寅誌」。

物語のあらすじはこうである。山陰道のある藩中の佐々織部なるサムライが同じ家中の娘を連れて長州に来て剣術の師範をしていたが、弟子はなく生活に困窮して、近くの稲守（山守、山番）の家に厄介になっていた。そのうち子どもも生まれ親子三人が居候することに気がとがめたサムライは、他国で売卜《ばいぼく》する目的で、百日間と期限を切って、妻女と娘を稲守にあずけて旅立った。しかし、百日たっても帰ってこぬので稲守の世話で妻女は庄屋の下女となり、なお三年たっても音沙汰がないため、その庄屋の後妻に入ったところを、織部が帰宅、稲守の種々なるたくらみに立腹して、庄屋とそこに嫁した妻女、それに稲守など四人を殺害したうえ娘を連れ逃走、途中で大家の門前に娘を捨てたが、娘は豊前の山伏に拾われて立派に成人し、婚儀も決まったあと織部が現われて山坊で丁重にもてなされたにもかかわらず、坊の宝物を盗み出し、追手を逃れて山中で自害した。父を殺された娘は地頭の許しを得てその死骸に一太刀浴びせて首を落とし、この孝心に対して地頭より褒詞が出たというのである。

この孝心話は同じ長州内のことであり松陰もよく承知していたとみえて、永常の記述には大いなる事実誤認があることを指摘した。この稲守とは宮番甚兵衛であり、かたきを打った娘とは宮番幸吉の寡婦で烈婦と称されていた登波であることなどを明らかにした。人間関係が複雑に絡み合っているので、事実を知る松陰が永常の「誣妄」と断じた。しかし、永常自身は、

「此話《この》ハ往昔《むかし》豊後の産なる儒家の先生浪華に住ミ給へるが、その織部が討れし里にて聞給ひしことにて、殊に織部も知れる人にてありたる由を聞けるまゝ爰《ここ》に記《しるす》也」とまとめているので、松陰の批判は、永常に語り聞かせた儒者の責任である。大阪に住む豊後出身の儒者が誰なのか、広瀬旭窓でなければその門下生かと思われるが定かではない。この種の教訓談は人ごとに語り継がれる間に変化するのであろう。

これについて、筆者の注目したいことは二点ある。まず第一は松陰が永常のこの書を読んだということである。第二は、巻末の講評の中で、永常を評価した部分のあることである。永常の農書は、「頗ル親切ニシテ民事ニ益アリ」とか、永常のこの孝女談は、「蓋シ大蔵ノ本意勧善ニアリ。事実ニアラズ。故ニ其事実ニ於ケル誣妄甚シト雖𪜈、余敢テ其功ヲ没セズ」といった文言がそれである。

3 「体制」の中の農民像

永常は、幕藩体制下の封建的な政治構造や経済構造について、切り込んだ発言はしていない。その点では、同じ農業分野の指導者である二宮尊徳や佐藤信淵とのちがいを見せる。彼は、国産を振興させるためには、最初の世話は支配層である地頭が率先して行い、農民はその技術を身につけた村長や老農の指導を受けて、「やる気」を起こして利益をあげるような体制づくりを考えていた。他方、道徳面では、善人《よきひと》の教えを聞き、孝行、正直、貞節などの当時の通俗道徳を固く守るべきであるという保守的な姿勢をとった。彼は、意図的か無意図的か、封建社会の農民支配の体制を批判することなく、その中で生きる農民の救済を考えた。しかし、彼の農書は支配層に向けたものではなく、あくまでも農民が対象であり、農民が技術を向上して農村改革を図ることを目ざしていた。

体制の中に身を置く農民にとって、地頭は有難い存在であり、その支配に服することは自己の生活の安定を得ることになる。彼の三つの語録を紹介してみる。

その一は、一八二七（文政一〇）年の『絵入民家育草』の一節である。

「地頭領主は学文を遊ばされて、国家を治め給ふ。農家にてハ農業を専らにつとめ、町家にてハ家業を守り、たとへ家富れバとて驕奢《おごり》の心を起さず、万事慎事《つつしむこと》が第一なり」「親たるもの此道理を訳《わけ》て子に示べきハ、地頭方にて学問を遊バされ、武芸を励み給ふハ国家を治め給ひ、我々に安穏に業をいとなませ給ハんが為なりと心得、おろそかに余所事《よそごと》のやうに思ふべからずとをしへなバ、自然と御地頭の難有事《ありがたきこと》を覚ゆべし」（『絵入民家育草』資料集第一巻、四三〇〜四三一頁）。

その二は、一八二九（文政一二）年の『奇説著聞集』の一節である。

「夫、君ハ民の父母にて、我々如きものを御地頭にてハ子のごとくに恵ミ慈しミ給ふ也。されバまづ其国の地頭が第一番の大切なる難有もの也。其国所を御守くださるれバこそ我々が心易く業をつとめ暮す也」（『奇説著聞集』資料集第一巻、五六四頁）。

その三は、一八四三（天保一四）年の『山家薬方集』の冒頭の一句である。

「第一、御法度《ごはっと》を堅く守り、御治世の難有事を仰ぎ喜び御地頭の御陰《おんかげ》にて居ながら家業をいとなミ心安く暮せる御恩を深くおもふべし」（『山家薬方集』資料集第四巻、二四一頁）。

地頭の「御恩」に報いる農民のつとめは、まずは遅滞なく年貢を納めることである。そのためにはコメつくりの技術改良をはかり収穫量を増やすことが第一であり、飢饉に備えかつ民富を増やすために換金作物としての余作を生産することが第二であった。『農家益』から始まり、晩年の『広益国産考』に至る彼の農書は、一貫して農作業の合理化、省力化、換金化の追求であったことに間違いはない。民富が増大すれば国益となる、そのことが地頭への恩返しとなると考えたからである。

ところが、彼の考えるこの広益国産の「体制」は大きな壁につき当たることになる。特に次の二つの事件は重要である。

その一は、田原藩における失敗である。彼のかねてからの念願であった出仕の夢は、一八三四（天保五）年、六六歳のときに田原藩興産方に取り立てられたことにより実現した。ところが、彼を引き立てた渡辺崋山は、永常が赤字財政を建て直すと称して、多種多様の事業を手がけたり、大阪の商人から借金をしたりすることに不満を抱き始めた。結果的には崋山の失脚によって永常は五年数か月後に辞職に追い込まれるが、別所興一の解釈によれば、「当時、極度の財政窮乏状態にあった田原藩江戸家老の崋山としては、永常の悠長な計画につき合う余裕はなく、もっと早急に利益の上がる方策を講じてもらいたかったようである」という。(3)永常としては地頭への期待が薄らいだことになり、彼は次のような批判めいた言葉を発している。

「近年諸国の御地頭方にて其国々にむかしより少しづゝ在来《ありきた》れるも又あらたに御工夫の上にも様々の産物をこしらへてはじめ給ふといへども中途にして廃する所多し。是ハミな早く益を見んとなさるゝによりて退屈の御心おこるゆゑ也」(『農稼業事後編』資料集第二巻、二七五頁)。

その二は、畿内の先進農法をモデルにしたことである。これは田原藩の失敗とも関連するとともにさらに複雑な原因ともなる。永常は地域の気候や土質などに配慮すべきことを説いているものの、住み慣れた畿内の農村地帯の農法が念頭にあったがゆえか、そこで静かに進行していた変化には気づかなかったようである。つまり、貨幣経済や商品流通により農村の経済構造が変化しつつあったことである。換金作物によって利益を得るためには、当然のことながら、その作物を加工し販売することが必要である。地頭をはじめ、藩の重役たちがどこまでそのことを許容するかは疑問なしとしない。コメつかひの農民支配にヒビが生じるからである。永常の奨励した便利な農具が永常の期待どおりに普及しなかった原因もそこにある。農業技術史の研究者堀尾尚志はこの点を鋭くついている。

「商品作物の栽培も、そしてそれに伴って発達した農具も、畿内のような経済構造をはなれて普及するものではなかったのである。新しい技術の普及をはばむ農民の意識の壁以上に社会、経済的な条件の違いがあった。鍬の項で述べているように、畿内で使われている鍬だからといって、どの地方でもそれを無反省に受けいれることは技術的に正しい判断ではない、とするどく指摘した永常ではあったが、技術というものが経済や社会的条件と切りはなされては普及しえないということに気が付かなかったのである(4)」。

しかし、永常にとっては、幕府権力からは一種の真空地帯であった大阪が、彼の心性に合った町であったことは間違いない。各藩の蔵屋敷が立ち並んで活発な経済活動がなされ、周辺の農村では商品作物の生産だけでなく製造や加工がなされて農業の工業化の兆しが見えていた。永常は農業の変貌に気づかなかったはずはない。その証拠に、『農具便利論』では畿内で使われていた便利な農具を数多く紹介しているし、もう一つの彼の主著『綿圃要務』では近世後期の畿内農村の中心的産業となっていた綿作、綿業についての記述が中心となっている。ちなみに、この綿作は彼の生地である日田での体験も生かされていた。彼は次のようにいう。「九《きゅう》州《しゅう》にては、豊後国日田郡のうち一里四方斗《ばかり》の所にわづか作るのミにて、九国のうち外に作る所なし。此纔《わずか》に作る所といふは吾郷里にて、隈町豆田町といふ所也。祖父なる者農業の道に委しく、就中綿を作る事に妙を得て、家僕にをしへ作らしめ」たと記している（『綿圃要務』資料集第二巻、五六頁）。永常は、江戸、田原、岡崎、浜松と居所を転々とするも、基盤は三〇年住んだ大阪にあり、大阪に出る前の日田にあって、彼の先進農法はその基盤の中から生み出された。そのことは失敗というより彼の農書の先進性として評価されるべきはいうまでもない。

4　百姓の「学問」不要論の底意

勧善懲悪の農民道徳を説く場合、それが初期の教訓書であれ、その後の奇談書であれ、農民にとって学文（学問）をすすめるくだりは見受けられない。「善人」の話を聞けとはいうものの、自ら学問せよとは決していわない。むしろそれには否定的でさえある。永常自身が若いころ学問に憧れその道に進みたいと念じたけれども、父親の反対によってそのことを断念したことは、後になって考えてみると父親のほうが正しかった、というのである。『絵入民家育草』の中の次の一節のごときは、彼の学問観の転換を示すものとして貴重である。

「学文《(ママ)》は善事なれども、百性《(ママ)》町人の身をもて文事の風流に淫《いん》するハ、ゆめ〳〵いらぬもの也」「百性町人が学文すれバ、農業商ひのみちをうるさくいやしく思ふやうになり、人をあなどりかろしめ、家を失ふ基と成もの也」「惣て歴々の人は夫《それ》相応に芸ハなければならねども、百性町人が芸がなきとて恥にハならず、農をおこたり、商ひをおこたり貧しく成ハ、差当る恥也。譬《たと》へ能き形《なり》をしても、悪しき形をしても、百性は百性、町人は町人、形は賤しくても心正しければ、歴々の学文したる人と同じき也。民家の学問は心をほしいま丶にせず、人のみちハ如何やう成ものぞと物識《ものしり》に尋問ひ、善人の教へを信じ、あやまちを聞ては忽ち其座に改るを最上とす。然らば学問をし、ものを知たると同じ事也。是庶人の学問なるべし。学文のなき一文不通の者に忠孝あるを見るべし」(『絵入民家育草』資料集第一巻、四二八~四二九頁)。

さらに加えて次のようにもいう。

「筆算達者にて智恵も人にこえ、其所の人にも用ひらるれども身貧しき者あり。是ハ手跡をよくすると智恵とがじゃまに成て、家業にうとき者なり。一文不通の人ハ余事なく家業を専らにして努れバ、かねをたむる也。百姓ハ星をいたゞき出て、星をいたゞきて家に帰る位に努なば、身上能く成に違ひハなし。其通に努ざるハ前に言如く、よみ書と知恵とが多くじゃまに成て、肝要の家業にうとく成也」(同上、四七一頁)。

永常の著作物には用語の不統一が目立ち、彼は学文と学問、百姓と百性とを使い分けたとは思われない。彼のいう学文または学問とは、漢学であって、父の反対でそれをあきらめた永常が次に選んだのは、新しい農業技術の開発とそれの普及のための平易な文体による農書の執筆であった。しかし、永常はそのことを後悔してはいない。先述したように、父親の訓戒を正しかったとさえ考えるのである。そのことについて少しく付言してみよう。『奇説著聞集』の中で永常は当時を回想して次のようにいう。

「武家ハ学問をして国家を治め給ふが業《ぎょう》也。医師ハ学問して能《よき》医師に成り、人を救ふが仁の術也。出家ハ学問して人を教化《けうけ》し、善道にみちびくが勤也。農家《ひやくしょう》ハ田作る道を手煉《しゅれん》して御年貢を無滞《とどこおりなく》納るが業也。町人職人も是に同じく学問ハいらざる物也と言て留《とめ》られしかバ、寺よりも其訳を言て断れけるまゝ今此通り四角なる文字は読《よめ》ざる也」(『奇説著聞集』資料集第一巻、五五七頁)。

永常はこれに対して、百姓の生まれでも「国の模範教授」ともなった人がいる、といって父親に反発したけれども、父親は、「それハ只人《たゞびと》にはあらじ。汝がごとき愚なる生れにて、いかでか左様成《なる》まねをすべきや。子を見る事、親にしかじと。おのれ如きの愚童ハ似合し如く、土をほぜりて先祖の位牌所のたえざるやうこそ知恵相応なりと教《をしへ》給ひしゆゑ、尤と存農業より外他事なく稼たるが、今ハ譲請《ゆづりうけ》しより田畑もふやせし也」という(同上、五六〇頁)。ただし、この言い訳の中には永常自身の生き姿とはちがった作り話も含まれる。永常は日田を出たのち一度も帰郷していないため、墓を守ったりとか田畑を増やしたりはしていない。ちなみに、彼は一一人兄妹の二男であったためその必要もなかった。

永常は、百姓の学文(学問)を否定したのであって、学問そのものを否定したのではない。武士、医師、僧侶などにはそれぞれの学問が必要であることは認めていた。永常の否定した学問は、「文事の風流に淫する」学問であった。当時彼の郷里日田では富裕な商人たちが競って文雅に生きる生活をしていた。彼の出奔後の日田には広瀬家の淡窓の開いた咸宜園ができ全国から門弟が集まり有名となった。淡窓の末の弟旭窓が大阪に開いた漢学塾もまた同じであって、門弟たちが旭窓塾を訪問するときには自作の漢詩を土産にして師匠を喜ばせた。永常もこの旭窓塾を再三訪問したようであるが、彼の目的は和訓の校正を頼むことにあった。

そこで難問にぶち当たる。百姓の学問を否定したはずの永常が、国語辞書的な著作物を著述していることである。旭窓塾を訪問したのはその辞書を作るための指導を受けるのが目的であった。いったい、誰のために、何のために辞書を作ったのか、という大きな謎が生まれる。

ここで考えておくべきことは、江戸期の学問の性格である。それは、士大夫、つまり支配層の教養にかかわるものであって、多くの学者は文化の先進国である中国の学問をもって自己の学説を権威づけた。三大農学者と称される宮崎安貞は、明の徐光啓の『農業全書』から多くの引用をしたし、佐藤信淵は儒教的自然観をもとに天理の説を開陳した。最も農民的で農民の生活に接近した二宮尊徳でさえ、百姓に宛てた手紙では、「易に曰く」「詩に曰く」とくり返した。これに対して、永常の農書は、生活実用書であって、学術書とノウハウ本を合体した新しいジャンルを作り出し、近世農書に新しい魅力を生み出した。技術とは縁の遠い観念の世界が重視された江戸期学問の殻を打ち破ったもので、学者の目からすれば、永常は俗人であり、その作品は通俗書にすぎなかったかも知れない。

興味あることは、その永常が幅広く交友関係を結び、序文の執筆などを依頼した人々の中に著名な学者が含まれていた。例えば、『農家益後篇』では、永常は如蘭亭に藤堂良道をたずね、自己の経歴を語ったうえで序文の執筆を乞うている。「碩学鴻儒に逢ふ毎に就きて其の誤りを正すことを請ふ」て自己の無学を正してきたという永常の率直な告白に感じ入った良道は、「余は唯々孟純（筆者注：永常の号）の人と偽り、寡言にして内に大志有り。恒人に非ざる所以の事を記し、以て後人に示すと云ふこと爾《しか》り」と、その序を結んでいる（原漢文、『農家益後篇』資料集第一巻、一三五頁）。その「大志」とは、「農家小民を教導すること」であるとしている。

著名な漢学者も序文を執筆した。『農家益続篇』には備後福山で廉塾を開いた菅茶山が序文を寄せたことについては前述した。『農具便利論』には、松平定信に信任の厚かった儒者広瀬蒙斎が序文を書いた。幕府昌平黌の教授として有名な佐藤一斎は、永常の求めに応じ『除蝗録』に長文の序を寄せた中で、賞賛の意を込めて次のように記した。

「豊後に大蔵亀翁なる者有り。人となり、朴実にして夙《つと》に志を農務に篤《あつ》うす。聞見する所有る毎《ごと》に輒《たちま》ち之を記録し、農書若干種を作る。曩《さき》に嘗《かつ》て鯨油除蝗の方を得るや、之を西南地方に試みて効験あるを見る。民を救ふこと貲《はか》られず。因りて今斯の編を作りて、之を東北に広布し、天下をして遂に蝗害無からしめんと欲す」（原漢文、『除蝗録』資料集第一巻、三八五頁）。

このように学者からも評価されたということは、永常が農民に不要と主張したその学問は、士大夫や学者や文人の学問であって、農民が日常使う手紙文などに必要な文字の学習を否定したわけではない。旭窓塾の古谷道庵が、永常は漢学には弱いが和訓には強いと評価したように、和訓のための辞書や文例集の著述と矛盾するものではない。ただし、彼の簡易書簡書を農書の一種と見なすことについてはいささかの無理がある。筆者が彼の教訓奇談書などを含めて農書の「拡張」と解釈したのは、厳密な意味での農書とは一線を画したいからである。

5　石門心学との関係

永常より八三年前に生まれて、京都の商家に奉公する間、この時期に台頭してきた新興商人に対して商人の道を考えた人物に石田梅岩（一六八五～一七四四）がいる。彼の思想は『都鄙問答』（一七三九年）や『倹約斉家論』（一七四四年）にまとめられた。それは、「町人のために、町人の手によって、町人の体験から、町人の道を説いた実践哲学[5]」として多くの門弟によって世に広められた。石門心学と称される一派である。

梅岩の門弟の中では、「道話」という方法を用いて心学の大衆化に寄与した手島堵庵と「書による教化」に実績を残した脇坂義堂が特に有名であるが、永常との関係でいえば脇坂に注目したい。生年は不明であるが、文政一（一八一八）年に没しているので永常の活躍した時代と重なる。脇坂は手島に入門して心学への傾倒を強めその才能が注目されつつも、天明年間に大阪での舌禍を起こして手島に破門された。彼は長い失意の時代に著述に打ち込むことになり、筆者が調べた限りでもその数は二四件に達する[6]。その内容は、『心学教諭書』のような道話聞書集、『撫育草《そだて》』のような童蒙教諭書、『孝子善行伝』のような孝子伝など多岐にわたる。開運とか福相とか題号した成人向けの商業談も多い。永常に似て、『急病治療法』まで含まれる。ところで、永常は、『絵入民家育草』の中で、「只善人《よきひと》の仰《おおせ》られし事どもを聞覚えて有丈《あるだけ》を物がたりせし而已なり」と記している(『絵入民家育草』資料集第一巻、四七五頁)。ほかにも、この「善人」に関して興味深いことは、同書のその後の再版本には『心学道話』の外題がつけられたことである。

永常と石門心学との関係については明確な証明をなすことはできない。しかし、永常が「善人」と交わり、そこで聞いたことを綴った、と公言するとき、その善人の中には石門心学関係の者が含まれていた可能性は大きい。ちなみに、脇坂が一八〇三(享和三)年に刊行した『撫育草《そだて》』と永常の『民家育草』とは書名が似ているだけでなく、その主張する点にも共通性が見出せる。以下にその一例を出してみる。前者が脇坂、後者が永常の記した一節である。

「人も幼き時におしへならハせずして、成人の後訓戒を加へんとするハ、大木をためんとするにひとしければ、幼稚の時に道を学バし、あしき縁にふれさせず、よき事を見聞馴さし給ふこそ、子をそだつの肝要ならんかと、友なる人に聞ける(7)」。

「小児も木に譬《たとふ》れバ、始二葉にかひわれぬる時ハ、人間の生れ立たると同じ事なれバ、随分養育し、漸《ようよう》一、二年立枝葉多くなり候節、添木致し結付、其内に悪敷枝ハかぎとり、年々右のごとく手入せば、成木の後ハすぐなる木になるもの也。四、五歳の時別而《べっして》悪敷《あしき》枝の我まゝに育ぬ様、行儀を専らをしへ候得バ後ハすぐに能き人に成もの也」（『絵入民家育草』資料集第一巻、四二七頁）。

永常と石門心学との関係は、この程度の引用では正しく把握できるものではない。永常の交友範囲は広く、僧侶や儒者などとの交わりもあったし、彼の著作物には神仏への傾倒も見られる。石門心学研究の第一人者である石川謙の『石門心学史の研究』では、永常について、「田原藩には心学のよき理解者渡辺崋山がゐて、『心学道話』の著者大蔵永常を聘用した」と記されているだけである。(8) 筆者としては、この問題にはこれ以上踏み込めないが、永常が脇坂に似た民衆の教訓書をものしたという事実はまぎれもない。

永常の道徳観に当時の宗教がどのように絡み合うかという問題も、むずかしい。石田梅岩の説く町人道徳の中には、神・儒・仏が混淆化されてその見分けはつけにくいとされているが、永常もまたこの神・儒・仏を使い分けた節は見当たらない。しかし、若いころに儒学の道を断念したこともあってか、これら三教の中では神・仏への関心が高く、どちらかといえば仏教にかかわる奇談が多い。その仏教も特定の宗派にこだわってはいない。神社の中では金毘羅詣の話が多いが、それは永常の信仰というよりは、前述したように大阪から多度津または丸亀に渡る船旅が、各地の情報を交換するに都合のよい舞台に設定されたからであろう。

注

（1）天保一三年五月二三日河内屋記一兵衛宛書簡（資料集第三巻、五六七頁）。
（2）『吉田松陰全集』第三巻、岩波書店、一九三五年、三四〇頁。
（3）別所興一「（門田の栄）解題」日本農書全集第六二巻、一九九八年、一二六頁。
（4）堀尾尚志「（農具便利論）解題」日本農書全集第一五巻、一九七〇年、三一四頁。
（5）竹中靖一『石門心学の経済思想』ミネルヴァ書房、一九六二年、六三頁。
（6）拙著『日本商業教育成立史の研究』風間書房、一九八五年、一七二〜一七五頁。
（7）脇坂義堂『撫育草』京都・大坂の四書肆、一八〇三年、上、序。
（8）石川謙『石門心学史の研究』岩波書店、一九三八年（復刻一九七五年）、一〇一〇頁。

第六章　広益国産考の近代性

1　明治に残った永常農書

先哲叢書の研究者の一人平井義人は、全国を回って永常農書の所蔵状況を調査した結果、江戸期に刊行された四七四件に加えて、明治期になっても八八件が刊行されていることを確認した。そのほか『国書総目録』に記載はあるが確認のできなかったものが一八四件あるという。注目すべきは明治期の刊行書であって、多い順に挙げれば、『農具便利論』『老農茶話』『農稼肥培論』『広益国産考』『再種方』『除蝗録』『製油録』『農家心得草』（以下略）などである。(1)

明治のはじめから活発な出版事業に乗り出した穴山篤太郎の有隣堂（東京・京橋）は、明治二〇年前後に「勧農叢書」と題する新旧農書のシリーズを刊行したなかに多数の永常農書を含み入れた。目録に出る四一件のうち、永常農書は最も数の多い八件を占める。特に『農具便利論』は江戸期にまして明治期での刊行が多く、有隣堂以外からも板木形式で八度以上出版された、といわれている。明治期に刊行された農具絵図について調べた木下忠によれば、二一件を数える絵図の中で、『農具便利論』からの引用が多数含まれているという。例えば、犂や挺掛や水かき桶のごときは、永常農書とほぼ同じ型のものである。ただし、永常は犂より鍬を重視して、明治期の「源五兵衛未耜《からすき》」は、永常農書からの引用であっても、人力によって引く農具である。(2)

明治期に入って永常農書に注目した人物として織田完之の名前を挙げておきたい。織田の経歴については嗣子織田雄次のまとめた『織田鷹州翁小伝並附録』がある。一八四三（天保一三）年三河国に生まれ、医学のかたわら勤王の志士と交わり、維新後は品川弥二郎の知遇を得て新政府の官吏となった。農商務省創置後は田中芳男の建議した農書の編纂作業の実務を担当した。当時の農政は、江戸期までに蓄積されたコメつくりを中心とする農業技術と西洋の近代農学を折衷させることが課題となっていた。その中で織田は一八七五（明治八）年刊行の『農家永続救助講法』をはじめとする多数の農業啓蒙書を著述するとともに、日本農業史の再評価のために農書の収集にあたり、また人物の面からも『大日本農功伝』（一八九二年）などの著作を発表した。織田が評価した最大の人物は佐藤信淵であったが、それに次いで永常にも注目した。『農稼肥培論』や『山家薬方集』は織田の発掘によって世に出た。(3)

このうち『農稼肥培論』は天保期に仕上げられていたと考えられているが、これが刊行されたのは一八八八（明治二一）年に「勧農叢書」に加えられてからであって、織田によって見出され、佐藤信淵と並んで永常農書が「新たな鑑」として織田によって評価された。(4) 同書につけられた織田の序は、明治期に入ってもなお価値をもつ永常農書の評価として興味深いものであるため、以下いささか長文ながら引用してみる。文中に、永常が大阪で没したとあるのは江戸の間違いである。

「此農稼肥培論ノ民間ニ切要ナルハ、今更喋々ヲ竢ザルナリ。今ヲ距ル十年許、予其ノ写本ヲ坊間ニ得テ、勧農局ノ蔵本トナセリ。其ノ後有隣堂主頻ニ請テ之ヲ梓ニセン事ヲ謀ルモ、如何セン、挿画欠ル所アリ、伝写ノ謬モ亦多キヲ以テ撂留シテ空シク年所ヲ経タリ。元来大蔵翁ハ多ク大阪ニアリ、心斎橋ノ書林淺井吉兵衛ノ家ニ寓シテ、遂ニ物故セシ由ナルヲ以テ、元老院議官田中芳男君ハ、大阪ノ書林鹿田静七ヲシテ其ノ遺稿諸編ヲ捜問セシムルニ、吉兵衛珍蔵シテ出ス事ヲ肯ンゼス。其ノ後吉兵衛モ亦没スルニ及テ、其ノ男遂ニ静七ノ懇請ニ応ジ、翁ノ親写ニ系ル完備ノ原本ヲ譲与スベキニ決シ、是ニ於テ静七ヨリ遙ニ東京ニ逓送シ、田中芳男君ニ示ス。君予ヲ召シ謂テ云ハク、是此善本以テ刻スベキニ非ズヤト。予則チ携去テ之ヲ有隣堂主ニ示ス。堂主大ニ悦ビ請得テ今之ヲ梓ニス。嗚呼、此原本幸ニ時ヲ竢テ出ルモノハ冥感スル所アリテ然ル乎。大蔵翁ノ霊以テ泉下ニ欣然タルベシ。聊カ事由ヲ巻首ニ弁スト云フ(5)」。

2　永常農書の科学的合理性

永常は蘭学の知識を応用した。開港地の長崎からオランダ人の伝えた蘭学は、主として医学と軍事技術に適用されたが、それが農業にまで広がっていたことは意外である。永常の農書には蘭学から得られた知識が含みいれられていることはよく知られている。一八一一（文化八）年の『農家益後篇』において、「予浪花橋本先生の門に遊んで和蘭《おらんだ》書の素端《そはし》を聞はつり、且解体の事を窮《きわむ》るに窮理したる事あり」（『農家益後篇』資料集第一巻、一五七頁）といい、蘭学者の橋本宗吉に蘭学の一端を学び、その後橋本の門下生中環から教示を受けている。一八三一（天保二）年の『再種方附録』では、「阿蘭陀《おらんだ》の図説を閲《けみ》するに、花に廿四綱あることを記せり。是によりて予つら〳〵考ふるに、是ハ雌穂、是ハ雄穂とさして論ずることいとあやしけれバ、稲の穂の花の盛なるを取来りて、中環先生に予が志意を述て、此稲の籾《もみ》の雌雄《めを》を顕微鏡をもて微細に分たしめ給へといひければ、先生微鏡をもて写し出《いで》給ひしを見て考ふるに、即籾《すなわちもみ》一囲《ひとかこ》ひのうちニ雌雄の花あり。紅毛《おらんだ》の説をもてミれば、雄蕊《しべ》より雌蕊に通じて孕《はら》ませて子を生ぜしむ、是米なり」と（『再種方附録』資料集第一巻、六五九頁）、当時の常識とされた雌雄説を図解を入れて否定した。

そもそも雌雄説は、宮崎安貞の『農業全書』をはじめとして多くの農書に継承されてきた考え方である。植物には雌雄の別があるため雌の種や苗を植えれば収穫量が増えるという説であって、一例を挙げれば、永常と同時代に老農として尊敬された宮負定雄《みやおいやすお》のごときはその代表格である。一七九七（寛政九）年に下総国に生まれた宮負は平田篤胤に入門し国学を修め、平田の序文のある『農業要集』で世に知られるようになった。彼は、一八二八（文政一一）年に平田にすすめられて『草木撰種録』と題する一枚刷の印刷物を作り三三種の雌雄を図解した。宮負はその解説の中で、「天地の間にあらゆる万物に、普く男女の差別ありて、五穀竹木に至るまで女種を植れバ莫大の益あり」と記した[6]。

『農稼肥培論』はこの雌雄説から出発して、それを越え、土質や肥料などにも蘭学を応用した。その凡例では、「凡そ此書にしるす肥培の論ハ、只其肥《こや》しにハおの〳〵其質ありて、是が肥となりてきくといへる道理を、阿蘭陀の窮理説にもとづき、漢土の事どもを併せ考へて記したれバ、牽合《けんごう》の説少からずといへども、その悪しきをすて善《よき》をとり用ひ、意《こころ》をつけ思ひを尽しなバ、其益また多かるべし」（『農稼肥培論』資料集第四巻、三八頁）といい、『解体新書』から人間の内臓の解剖図を出したり、水、土、油、塩の四元素論を用いて土の成分を説明したり、大便や小便の効用を説いたり、あるいは当時農家で重宝されていた干鰯《ほしか》にはホスホリユスと称する成分が含まれ肥料としての効果を発揮していることなどを記している。

中国から伝わった陰陽五行説は、多くの農書において理論的裏打ちを与えるために使われていた。陰陽五行説とは、中国の古代自然哲学に起源をもち、天地が未分化の混沌の時代に、陽気が上昇して天となり、陰気が下降して地となって宇宙が創造されたという神話をもとに、自然現象をこの陽気・陰気の循環で説明する。永常と同時代の、もう一人の平田派の農学者小西篤好は『農業餘話』（一八二八年）の中で「草木の本性に陰陽五行天地自然の理」を説いていた。永常自身は、当初は雌雄説や陰陽論を信じていたふしがあるものの、蘭学者との交わりできっぱりとそれを否定することになった。「永常農学の転換」であった(7)。

なお、永常の蘭学知識は、農具にまで適用されていたことは前述した。ブランドスポイトと称するポンプであって、『農具便利論』には、「谷をへだて、あるいハ山の向ふに対せし田地又高燥の田地の水の手乏しく旱魃の憂ある土地に此スポイトを仕懸て、山を越させ水を遣にハ元蘭製に倣ふものなれバ、水勢大いにして格別也」と称賛している（『農具便利論』資料集第一巻、三〇一頁）。このポンプがどの程度一般に普及したかはわからない。永常が仲介し売り出したときの価格は一台五〇両もしたので、鉱山には使用されたかも知れないが農耕には利用されなかったと思われる。

明治になると、蘭学に代わり、イギリス、アメリカ、ドイツなどの近代科学をもとにした農学や農業技術が採用されるようになる。永常はすでに世を去っていたけれども、彼の先見性は近代化への展開に道を拓く一助になったといえそうである。

3　永常農書の経済的合理性

上述したように、顕微鏡を使っての観察のごときは、永常農書の科学的合理性を例証するものであるが、永常農書には、それだけではなく経済的合理性を見出すことができる。その第一は、コメつくりの農業を商品作物へと拡張したことであり、第二は、農業を工業および商業と結びつけたことであり、第三は、労働の省力化による効率性を図ったことであり、第四は、男女の協業を奨励したことである。以下にその概要を記してみる。

第一の商品作物の奨励は、永常が主穀以外に多種多様な換金可能な農作物を紹介したことを意味する。農民はそのことによって生活のゆとりを生み出し、飢饉にも対応できる、と彼は考えた。農民自身の利益を増すことは、ひいては藩の経済に好況をもたらすというのが、彼の広益国産考の骨子である。彼の生活拠点となった大阪でも、彼の生地である日田でも、商業経済が静かに進行していた時代であって、彼の主張は幕藩体制下のコメの石高原理を核とする農民支配の体制に風穴をあけることになる。永常自身がそのことを意識していたかどうかは別にして、同じ天領としての大阪や日田で発展していた貨幣経済の流れに、永常は小さいながらも棹さす役割を果たしたことになったといえそうである。

第二の農業と商工業との結合は、永常農書が加工と販売までを視野に入れていたことを意味する。例えば、彼の処女作『農家益』はその後篇と続篇を含めて、彼の農業行脚の出発点となった櫨について、栽培（接木）から搾油、製蠟を経て販売に至るまでの一貫した工程について詳細に記述している。江戸期中ごろから蠟は生活の必需品として需要が高まっていた商品である。あるいは、菜種から採る油についても『油菜録』と『製油録』と題するそれに特化した二冊の本を著わし、栽培、製油、販売の全過程をわかりやすく説明している。必要経費から販売価格の損得についての細かな数字の提示は彼の農書の最大の特色であって、「利」にさとい農民に一目瞭然にしたことで農民を引きつけた。

第三の労働の省力化は、朝露を払って野良に出て星を戴いて家に帰るというようなやみくもの勤労の美徳を説くのではなく、省力の方法によって効率を高めるべきことを意味する。そのためには農具の改良に意を注ぎ、全国各地で使われている農具のうち、各地の土壌に合った農具を使用することを勧めた。牛馬を使った犂は深耕に限りがあるため、鍬の効用には特別の注目をし、農民がそれを採用（製造）できるように、細かな尺寸を入れた絵図を多数入れ込んだ。『農具便利論』では、そのほかにさらに効率的な農具があれば情報を寄せてほしいと読者に呼びかけた。こうして省力化して余った労働力は彼の提唱する換金作物に転用して農民の収益を増すことをねらっていた。そのことによって、農民は主体的に工夫をこらし、武士階級によって強いられた隷属意識をやわらげて自主の道を歩むことを可能にしたと考えられる。

第四の男女協業についても、永常は他の農書執筆者よりも積極的である。サムライ世界に流通した三従七去を説く『女大学』に見られるような女性隷属の道徳は永常農書には現れない。

永常は女性を農作業の協力者として取り込んだ。彼の農書には明るい顔で働く女性の姿を描いた挿絵が多い。女性も使用可能な便利な農具を使ったり、加工作業の補助的役割を果たさせたりしている。夜なべの仕事では男女が睦み合って協働している。女性が農作業に参画することは、家内における女性の発言力や地位を高めることに結果する。

4　研究者によって分かれる評価

早川孝太郎の『大蔵永常』をはじめとして、これまでに永常に関する伝記や評論を書いた人は多い。「日本農書全集」や「大分県先哲叢書」に採録された永常の著作物を解題した人のなかにも注目すべき評論をした人もいる。ここではすべてを取り上げるわけにはいかないため、以下においては、四人の研究者が、永常農書のもつ近代とのつながりについて記した見解を紹介してみる。

第一には、永常の本格的な伝記をまとめた民俗学者の早川孝太郎を挙げるべきであろう。後述するように、昭和六年ごろ、はじめは井上準之助らが、のちには渋沢敬三らが、永常の著作集の刊行を企画した。しかし、渋沢の提言により全集より伝記の編集を先行させることの議が熟し、早川がその担当者となった。それより先、一九一七（大正六）年刊行の谷口熊之助の論説が存在する程度で、永常は無名の人物であった。そこで早川は、永常農書に出てくる人名や地名を手がかりに民俗学的手法で調査を進めたが、資料収集に難航した。それにしても出てくる資料は早川を失望させるものが多く、彼の永常観は二転三転することになる。そのことを日本の民俗学の大権威者である柳田國男に打ち明けたところ、柳田は、永常を「凡人」と見ることから始めよという教示を与えたので、早川は凡人永常の調査を進める間にその凡庸さのなかに非凡なる永常像が見えてきたという。

早川は、渋沢や学術振興会の助成を受けていたので、まず報告の意図で一九三八（昭和一三）年に『大蔵永常』を刊行して関係者に贈呈したが、その後も補修増補の作業を進めて、一九四三（昭和一八）年に山岡書店から市販本として刊行した。その増補本には、早川が一時指導を受けた九州帝国大学の小出満二の「序」と、早川自身の長文の「跋」が添えられた。その跋の中に次のような一文がある。

「それにつけてもいまさら同情に堪えぬことは、残存せる書簡で、これはあまりにも私的生活を晒け出している。民間布衣の身としては、借金の申込みも原稿の売込みも当然の生活手段であるが、現実に見せられるといささか幻滅を感ずる。しかし今日偉人として推称せられていた人々にも、その内的生活を暴けば、かならずしも崇高仰ぐべき点ばかりと考え難いのであるから、これを責めるのは酷である。とかくを謂うものの、その産業開発に対する識見は偉とすべきである」(8)。

第二は、科学史、特に農業技術史の研究者である早稲田大学教授の筑波常治である。氏は、

『大蔵永常』（国土社、一九六九年）を著わしているし、『思想の科学』には二件の論説を発表している。その一件では永常をプラグマティストと評していることについては前述した。[9] ここで取り上げたいのは中公新書『日本の農書』の中に記された永常の位置づけである。「商業の中心地でそだつ」「都会に住み、農村を旅する」「多数の著書」「少数の主題」「『広益国産考』と工芸作物」「『農具便利論』の独創性」という小見出しをつけたことに氏の評価の大要は察しがつく。

特に工芸作物と農具に対する永常の卓見に注目している。「工芸作物は収穫物を、かなりの規模に加工してから利用する。それをおこなう工場を農村の近くにつくって、農民自身が作業に従事し、できあがった製品を販売して、報酬を現金で受けとるようにすれば、農家は裕福になれる。これが永常の計画であり悲願であった」という。農具については、当時の「勤勉を美徳とみなす道徳観念」に反して、「労力を効率よく利用するくふうだった。余分の手間はできるだけはぶき、より少ない負担で、最終的な利益を最大にする。それを可能にする技術こそ、かれの目標にほかならなかった」という。筑波によれば、「永常は農民でなかったけれども、あくまで農民の側にたとうとする農書の著者であった[10]」。

第三は、農業経済史の研究者で関西大学教授の津田秀夫である。注目したいのは、津田の「大蔵永常――利潤追求を勧めた農学者」と題する論説である。[11] 津田は、「体制」の中にどっぷりと浸っていたかに見える永常が、結果的には体制を越える発想をしていたことに注目した。いわば無意図先見性である。津田の言によれば、「近世国家の変質に対応しながら、それを支えていた農家経営のなかにも農業技術にも変化が起こらざるを得ず、この点に着目して実用的な農学体系を立てた」（二一六頁）、「このために近世国家の解体過程のなかで起こってきた各地での農業技術を新しく導入して、経済的進歩を農家経営にもたらし、物質的に生活を改善することを念頭において、農業技術の問題を取り上げたのが大蔵永常である」と。

農業世界の工業化と商業化の問題についても、津田の永常評価は高い。

「農業からの工業の分化過程の所産である国産品生産をいま一度農家経営のなかに組み入れ、その活性化をはかるのに重要な役割を果させようとしたといってよい」「国産奨励・専売制の採用の問題は、近世国家の財政事情の悪化をくい止め、各藩でもその財政の相対的自立化に役立つようにもみえたのである。しかしそれが成功するには、それに対応する農業経営の自立化と向上の先行する状況の存在することが必要な要件である。また、そのような配慮が政治的に出来ない処では、成功するものではないというのが永常の考え方であった」（二四三〜二四四頁）。

広益国産論を実効あるものにするために、永常は実務家として技術開発に精力を注いだ。しかし、他面では石高制の幕藩体制下での活動には種々の制約があって、特に田原藩におけるように領主側から即効的な成果を求められると、土を耕し、種を蒔き、苗を育て、実を刈り取るという農業という業種の特殊性からして多大の無理があり、加えて加工から販売に至る過程が整備されていない状況下では、むしろ困難とさえいえる。田原藩に次いで出仕した浜松藩では、栽培、加工、販売を一貫させる献策をなしたようであるが、領主側の意識改革と協力が必要であるにもかかわらず、まだその条件は熟していなかった。「この点では試行錯誤の許される開拓投資が必要であったが、近世国家の解体過程のなかでは、一般的には許されるような余地に乏しかった」（二四四頁）と、津田は永常に同情的である。

第四は、農業史の研究者で京都大学人文科学研究所教授の飯沼二郎である。氏が永常について論じた論説の数は多いが、筆者が注目したいのは『広益国産考』につけた氏の解題である。[12]

飯沼は、永常を「江戸時代における唯一の農業ジャーナリスト」と称し（四二〇頁）、『広益国産考』を「永常農学の集大成」（四二一頁）と見なした。その特長的な点としては、広く各地を歩きまわり、特に当時最も進んでいた畿内地域の農法を後進地域の農民に伝えることを主要な目的にして、「生涯に未刊のものを含めて約八十冊という膨大な農書」を執筆したこと、一村や一地方に偏らぬ多くの読者をかち得たこと、自らの体験をもとにして読者の誰にも理解できるように平易な文体でしかも多数の詳細にして的確な挿画を入れたこと、コメだけでなく特用作物の栽培に目を向けたことなどを挙げている。ただし、飯沼のなした永常農書の三分類については、修正が必要であることについては、先に筆者の見解を記した。

飯沼を中心とする近世農書の研究グループでは、『近世農書に学ぶ』と題する興味深い一書をまとめている。全一一章のうち特別に二つの章を永常にあて、『農具便利論』を堀尾尚志が、

『広益国産考』を大島董が論述している。堀尾の『農具便利論』の解題は先に引用したのでここでは大島の論説に注目してみると、余作のすすめ、徹底した合理主義、土地利用の集約化、労働の集約化、行政批判などを例に出し、「大蔵永常の農学体系は、個別技術の積み重ねから、行政政策の批判にいたるまで、一貫して、農家・農民から出発した思想で構成されている」し、特にその行政批判については、「時代をさきどりした思想であり、現代にも鋭く問いを発する思想である」として、永常は「現代のわれわれにとって、学ぶことの多い先駆者である」と結論づける。

この大島の評価は、永常の著作物全体から見ても、また『広益国産考』の内容から見ても、いささか過大であることは、本書で考察したところである。この点についての飯沼の評価は、より冷静である。彼は永常農書のもつ楽観主義を見逃してはいない。

「一般には、国産奨励・専売制度の発達はかえって農民に対する収奪を強め、その結果、藩経済の自立をうながすとしても、必ずしも農民経済の自立をうながすものではなかった。永常が、田原藩において国産奨励に失敗したのも、一つにはこのような楽観主義に基づく。たとい農民がどれだけ特産物の増産にはげんだとしても、それによって生じた剰余をすべて残りなく藩当局によって収奪されるならば、とうてい増産意欲がわくはずはなかったからである。この点、疲弊した村の再建にさいして、まず藩当局に長時間にわたる貢租額のすえおきを要求した二宮尊徳は、永常よりもはるかにこの間の事情に対する正しい認識をもっていたものといわなければならない」(13)。

永常は、田原藩に対するように間接ながらも行政批判の言辞がないわけではないが、全体として見れば体制容認派であった。その永常は体制に対して楽観的であったという飯沼の主張は説得力がある。ところがその永常は、長い目で見れば、そして本人は意識しなかったにせよ、結果的に見れば体制を越えていた、ということが重要である。永常が現代に生きるとすれば、その無意図的な先見性にあった。そのことは、次章で取り上げる矢幡治美の思想と実践の中から証明できると思われる。

なお、永常農書のもつ近代性について興味深いエピソードをつけ加えておきたい。それは、彼の『製油録』が、第二次大戦後の一九七四（昭和四九）年に、アメリカで英訳出版されことである。筆者はその英訳本を手に取って閲覧することができなかったので、ここでは解題者である農書研究家佐藤常雄の記述を引用することしかできない。『製油録』の本文の末尾には、「其所々に往て搾《しぼ》り方の理を聞糺し、其図も模写して算当のあらまし」を記したと記している（『製油録』資料集第二巻、二二九頁）。関東、大阪の油搾法とその荒勘定を細かに記している。挿絵は松川半山である。英訳書は*An Oil Manufacturing ; Seiyu Roku*、訳者はエイコ・アリガ、編者はリッチフィルドで、ニュージャージーで刊行されている。佐藤によれば、英訳の動機は、永常の時代の西ヨーロッパにはそれに匹敵する類書が存在しなかったこと、半山の描いた浮世絵風の挿画が興味をそそったことの二点が重要であるという(14)。

注

(1) 豊田寛三ほか『大蔵永常』大分県教育委員会、二〇〇二年、二〇七～二〇八頁。

(2) 木下忠『日本農耕技術の起源と伝統』雄山閣出版、一九八五年、二四六～二五四頁。

(3) 拙著『近代日本産業啓蒙家の研究』風間書房、一九九五年、九二～一〇六頁。

(4) 徳永光俊「(農稼肥培論)解題」日本農書全集第六九巻、一九九六年、九頁。

(5) 大蔵永常『勧農叢書 農稼肥培論』一八八八年、有隣堂、序(織田完之)。本書は、資料集第四巻、三七～一一〇頁にも所収されている。

(6) 宮負定雄『草木撰種録』日本農書全集第三巻、一九七九年、六七頁。なお宮負については、拙著『日本農業教育成立史の研究』風間書房、一九八二年、一二三～一三〇頁。

(7) 注(4)に同じ、一六頁。

(8) 『早川孝太郎全集』第六巻、未來社、一九七七年、三一五頁。

(9) 筑波常治「大蔵永常と二宮尊徳」『思想の科学』一九六一年一一月、「大蔵永常と大阪町人」同上、一九六三年二月。

(10) 筑波常治『日本の農書』中公新書、一九八七年、一九二～一九四、一九六頁。

(11) 『講座日本技術の社会史 別巻Ｉ・人物篇・近世』日本評論社、一九八六年、二一五～二四五頁。

(12) 飯沼二郎「(広益国産考)解題」日本農書全集第一四巻、一九七八年、四一三～四三二頁。

(13) 飯沼二郎編『近世農書に学ぶ』ＮＨＫブックス、一九七六年、一八三～一八四頁。

(14) 佐藤常雄「(製油録)解題」日本農書全集第五〇巻、一九九四年、一二二頁。

第七章　現代に生きる大蔵永常の精神

1　日田の矢幡治美――「ウメ・クリ植えてハワイへ行こう」

大蔵永常の思想は、農民の生活面にまで及ぶと、光もあれば影もある。本書では、その両面から永常に迫ってみた。彼の農民哲学が封建体制という制約の中から生み出されたものであることを考えれば、その影の部分をさし引いても、光のほうがはるかに大きく、現代にまでさん然と輝いているというのが、本書の仮説である。そのことを例証するもう一人の人物がいる。永常と同じ日田に生まれ、大山村（のち大山町）で、「ウメ・クリ植えてハワイへ行こう」と呼びかけ、村の農業革命に新機軸を打ち出した矢幡治美がその人である。

矢幡治美は、マスコミの注目を集め、単行書や論説や記事などによって全国にその名を知られるようになった。このうち著書については、一九八二（昭和五七）年に大山町の著わした『けふもまたこころの鐘をうちならし―NPC運動20年の歩み』（以下「こころの鐘」と略称）、一九八八（昭和六三）年に治美自身の著述した『農協は地域でなにができるか―大分大山町農協の実践』（以下「農協の実践」と略称）、一九八九（平成一）年に西日本新聞記者松永年生による『種をまき夢を追う―矢幡治美聞書』（以下「治美の聞書」と略称）の三冊は特に参考になる。以下に、治美の経歴を簡単に記してみる。

矢幡治美は、大蔵永常より一四四年後の一九一二（明治四五）年に、永常と同じ豊後の日田に生まれた。永常の生家跡のある日田市隈町から筑後川を逆上って車でおよそ二〇分ぐらいの日田郡大山村という山村である。家は山林地主で造り酒屋を営み、その家業を継ぐことを宿命づけられていた。地元の日田中学（現日田高等学校）を卒業後、広島高等工業学校（現広島大学工学部）の醸造科に入学した。当時、醸造科のあるのは大阪高等工業学校と広島のこの二校だけであった。ところが第二学年になったころ父親が病気で入院したため帰郷し、彼の言によればそのまま「成り行き中退」した（「治美の聞書」五三頁）。その後召集を受けて入隊したのち在郷将校となって酒屋家業を続けていたけれども、一九三七（昭和一二）年に日中戦争の勃発により中国戦線に派遣され、敗戦時は大分連隊司令部で軍務に携わっていた。

敗戦後は、コメ不足のために造り酒屋は廃業に追い込まれ、家業の一つであった地元の特定郵便局長は公職追放となった。窮余のあげく、山林を開墾して「百姓」となり、その労苦を身をもって体験した。換金作物の必要を痛感した彼は、茶畑を作り製茶業を始めるため、各地の有名な茶どころを視察し、農産品の製造販売の仕組みについての知識を広めた。

敗戦から九年たって、治美は推されて大山村農協の組合長となり、さらにその翌年の一九五五（昭和三〇）年に大山村長に選任された。以後、農協組合長は一九八七（昭和六二）年まで三三年間、村（町）長は一九七一（昭和四六）年まで一六年間の長きにわたり、「大山の父」と称されるだけの業績をあげた。なお、大山村は一九六八（昭和四三）年に町制をしいて大山町となるが、本書ではいちいち区別する煩を避けるため、以下においては村と町の時代を含めて単に大山と称することにする。大山の父、治美は、農協と行政という二つの職種の長として、自己のアイディアを生かし、大胆な農村改革に乗り出した。その改革の内実についてはあとに記すことにして、それに先立って、治美なる人物の思想と行動の特色を以下に四点挙げておきたい。

第一。治美は、日本全国に加えて世界の各国を行脚して、新しい農業思想にふれたことである。彼はそれを「目学問」「耳学問」と称し、「どこかにいいところがあれば真似したいと思いました」という。特に北欧三国の視察は印象深かったようである（「こころの鐘」一一八頁）。

第二。イデオロギーや政治体制にこだわらない自由な発想をしたことである。具体的にはイスラエルや中国との交流がある。特にイスラエルでは、ユダヤ人が建国の理想を実現するため不毛の荒地を開墾しているエネルギーに感動し、その地の共同組合的集団農場であるキブツから多くの示唆を得た。キブツとの出会いは、治美の二人の息子の着眼が発端となった。二人とも慶應義塾大学に学び、長男欣治は卒業後一九六六（昭和四一）年に総理府主催の日本青年派遣団員に加わってアラブ諸国を回ったときイスラエルに関心を抱き、次男卓美は大学在学中にイスラエル建国二〇周年記念の国際青年都市会議に日本代表として出席したあとメギド市のキブツの状況を治美に書き送った。これに感じた治美は、欣治ら三名の大山の青年をメギド市に派遣し、さらに一九七〇（昭和四五）年には大山町とメギド市の間で姉妹町同意書を交わした。治美自身はその調印式に出席し、その後も一八八七（昭和六二）年のイスラエル建国記念式典にも出席している。中東戦争が始まるまでに大山からメギド市に派遣された青年は五七名を数えた(1)。

他方、中国との交流にも積極的であった。日中友好協会の岡崎嘉平太から紹介されて蘇州市呉県について知った治美は、一九七三（昭和四八）年に中国視察に出かけ、二年後に日中友好協会大山支部を設けて現地でハチ蜜の輸入協定を結んだ。これによって大山の特産品としての「蜜梅」の製造が可能になった。大山の農民は団体を組んで訪中し、その数はのべ三五〇名に達した。中国からも多数の研修生が大山を訪れ、日中の民間交流が活発になり、そのことは双方にとって得がたい体験学習となった。

第三。卓抜した経営感覚の持ち主であったことである。治美は、代々の家業で培われた商業経営の精神を農業経営に転換させた。山あいの農地にしがみついて貧しい生活をしている地域住民に対して所得倍増の夢を抱かせ、行動に移させた。所得倍増論は池田勇人首相より自分のほうが先であった、と彼はいう（「治美の聞書」一六七頁）。彼は、農民に向かってコメや牛を捨てて、ウメ、クリを作り、夢のハワイ旅行をしようと呼びかけることから始めた。彼のいう「ノウハウは買うか盗むか」(「農協の実践」四八頁)という発想は、百姓からではなく商人から出たものである。

第四。アイディアを言葉にかえて若者の心をつかむ力量を有していたことである。彼は、第一次から第三次にわたるＮＰＣ運動を推進したが、その運動の進展に合わせて実に巧みな英語をあてた。第一次は、New Plum and Chestnut、第二次は、Neo Personality Combination、第三次は、New Paradise Communityである。一九六一年が第一次でウメ・クリ運動、一九六五年が第二次で人づくり運動、一九六九年が第三次で村づくり運動を含意する。最初から予定していた言葉なのか、順次考えた言葉なのかは不明であるが、見事としかいいようがない。そのほかにも、アグリーパートナーとか、カルチャーバスとか、大山ブラッサムとか、木の花ガルテンとか、タスクセンターとか、文産工場とか、挙げはじめたらきりがない。

治美は、これらの言葉を使って若者の心をつかんだ。彼は折あるごとに農協や役場の職員に、「今日は大きいもんを食おうや」と呼びかけて、会合を開き自分の考えを熱っぽく語った。大きいもんとは、当時比較的安価で入手できた冷凍くじらで、それを肴に焼酎を汲み交わした。容易に動こうとしない高齢者に対しては、「明治追放」と叫び、新しい時代は若者のものだと説いた。その時の治美は、自分が明治の最後の年の生まれであることを忘れていた。「自分はリーダーではなくシーダーである」、つまり「種をまく人である」という言葉も若者の心に響いた。

2　大山の農業革命――少量多品目生産への転換

治美の長男で治美の思想を継承発展させた矢幡欣治は、一九八一（昭和五六）年に農林水産大臣賞を受賞した際の「小さな村の大きな試み」と題するリポートの中で、「大山村は大分県の西北に位置し、人口六千人、急傾斜地帯に属し、阿蘇の外輪山に源を発した川が村の中央部を南から北に貫流し、険阻な山が屏風のように立ち並び、河川とのわずかな傾斜地でひっそりと農業を営む、寒村であった」と記している（大山町『けふもまたこころの鐘をうちならし』一〇二頁）。第一次NPC運動の始まる前年の一九六〇（昭和三五）年の「国勢調査」では、大山村の一世帯当りの平均所得は一九万円、大分県民平均の三〇万円の三分の二にもみたなかった。農地が狭いた

図10　大山町の中心部，南北に細長い木の葉形をした町である（『けふもまたこころの鐘をうちならし』の巻頭口絵から）

め、村民は山林労働者になったり、出稼ぎをしたりしていたにもかかわらずこの状態であった。

このうえない貧しさに対して、何とかしなければならないと、志ある村民は考えていたそのとき、治美が登場してきた。彼は、コメとムギが主流となっていた時勢に反逆して、コメと牛を捨ててウメとクリを作ることを提唱した。それに先立って彼は果樹の栽培地や市場を精力的に視察し、十分な情報を集めたうえでの決断であった。彼は、農協の組合長であり村長であるという立場を生かして、村内三五の集落をすべて巡回して説得につとめた。先祖代々コメつくりをしてきた農地に樹木を植えるという話に抵抗する親たちを翻意させることは並大抵のことではなかったが、彼は二〇代から三〇代の若者をターゲットにしてその心をつかむことに成功し、彼らに親を説得するよう仕向けた。

治美が説得に成功した最大の理由は、農業にコスト計算を持ち込んだことであった。町のサラリーマンと同水準の、あるいはそれ以上の収入をもたらすことや、過重な労働を軽減して生活に余裕をもたせるために年間の労働日数を一八〇日（実質週休二日）を可能にすることなど、具体的な数字を出せば、誰も反対しにくくなる。その計画を打ち出したのが一九六一（昭和三六）年の第一次NPC推進綱領である。「すべての住民が地域社会全体のなかで健康で明るく豊かな生活を営むために必要な所得の確保を図る」ことを目的とし、その基本理念の中でも、「文化的生活を営むに足る所得の追求を図る」とうたい上げた（『農協の実践』三一頁）。この所得向上が中心眼目である。そのため、ウメ九千本、クリ千五百本を植栽することにした。これより三年前から、治美は自家の茶畑をつぶし、三ヘクタールの畑にウメを試植していて、自信を得ていた。

当初は挫折も経験した。筑後の田主丸の植木屋から集めた苗木の中に不良品種が混じっていて、特に治美の梅園からはニガウメと称する市場価値のないものが出た。彼は直ちに優良品種を接ぎ木して対策を講じた。結果として全村の収穫が向上して、一九七〇（昭和四五）年には、ウメの生産量は二二〇トン、クリは一〇〇トンに達して村民の信頼をかち得た。その間、農協や役場の職員三一名を梅栗指導員に委嘱して村内を巡回指導させ、それをアグリーパートナーと称した。さらに、八名の特別隊を編成し、揃いの青い服、青いオートバイで巡回させ、それをグリーンカー部隊と称した。当時ウメは「青いダイヤ」と呼ばれていたからである。彼はまた村議会の議員を連れて先進地を視察し理解を得させ、ウメクリに特化した極端な傾斜予算を承認させた。

江戸後期、大蔵永常が『広益国産考』の中で、郷里の日田郡から産出される換金作物を二七種挙げて、その収量を二万七千余両と算定したことについては先述した。その中には、「大山」と称する煙草も含まれていた。治美もまたウメとクリから始めてみたものの、それだけで増収にはならぬことを百も承知していた。ウメとクリには競争相手も多く、市場価格が変動することもわかっていた。そのため、彼の提唱したのが「ムカデ農業」である。少量生産、多品目栽培によって農家の余暇時間を有効利用することがねらいであった。特に重視したのは、順に、スモモ、ブドウ、ギンナン、ユズで、合わせて六種果樹にした。軽労働で労働のピーク時を重ね合わせない「旬給農業」と称した。加えて、「樹下栽培」と称して、クレソン、ニラ、アスパラガス、ミョウガ、セリ、サンショウなど、日々いくらなりとも収益になるものを奨励した。それらの産品は、「瞳は未来へ」と大書した農協のトラックで、福岡や大分の市場へ出荷した。

ムカデ農業の足のうち、二、三本を伸ばすという試みが始まった。キノコ栽培である。これには、村役場に勤務していた治美の長男欣治が、三一歳で役場を罷《や》めて、専らそのことに取り組んだ。それは予想外の成功を収め、大山の農業革命の一大転機となった。

3　高次元農業の展開

キノコ栽培に着手する前に、まず参考にしたのは、全国の九五％のシェアを誇る長野県のエノキ茸であった。欣治は仲間を集めて長野県の生産農家に泊まり込んで栽培や経営のノウハウを学び取り、直ちに大山で実践に取り組んだ。その際、キブツで学んだ協業の精神を取り入れ、大山独自の方式を案出した。それは、商品として売り出すための大山ブランドとしての品質を高める工夫であって、中央にキノコセンターを設け集中管理のもとで菌の培養をし、それを分工場を経営する各農家に配布して、農協として収穫物を出荷するという方式である。

長野県ではこれらの工程を各農家が個別に行っていたが、大山ではこの一貫した協業によって品質良好のナメコを製品化して市場の信用をかち取り、長野産より二、三割の高値がついた。その後、農協のエノキ原菌センターも完成し、栽培農家は一〇〇戸を越え、エノキ茸一〇周年記念大会の開かれた一九八三（昭和五八）年には、農協のエノキ茸販売高は一二億円を突破して、ウメの売上高の一億六〇〇〇万円をはるかに越えた。(2) 大山の成功は、国内だけでなく世界の注目を集め、内外からの視察者（団）が続いた。一九八二（昭和五七）年にはメギド町長も来訪している。

一般の通念では、第一次産業は農業、第二次は工業、第三次は商業とされていて、そのうち工業は工場が、商業は商社が主役を果たすとされているが、大山の農業革命はアグリーインダストリーと称し、農民が農・工・商の三業を一体とすることを目ざした。初めのころ、治美は一・五次産業と称していた。「一・五次産業というのは、その地域にできた品物も、その地域の住民の腕によって作る、できた品物はその周辺の狭いエリアのなかで販売する」ことを意味していた（「大山の農協」一九三頁）。食品企業の資本や技術の前では、あえて二次産業とまではいいきれないためらいがあったものと思われる。ところが、キノコ栽培に光明が見え始めた一九七二（昭和四七）年ごろから、二・五次産業といい始めた。大山の農産物を加工し、販売するという未開の分野への進出を企図したからである。そのための加工工場の建設と販売路線の拡張に力を注ぐようになった。

農協の加工工場は、地元農家に委託栽培していたイチゴをジャムに加工することから始めて、その後漬物工場や冷凍施設などを整備して品種を増やしていった。菓子、パン、鶏めし、蒟蒻《こんにゃく》、マーマレード、木の花漬、ドレッシング、アイスクリームなど、数十種になった。これらの農産加工品の販売にも力を入れた。まずは農協直営の農産品直売場を設け、地元日田市から大分県、別府市、福岡市などに順次その数を増やして、二〇〇八（平成二〇）年現在九店舗に達した。これらの直売場には、さらに加えてレストランを開設した。そこでは地元の六〇代から七〇代の女性が地元の素材を使って昔ながらの献立を提供して健康食として人気を博した。「オーガニック農業」の専門料理店は、当時農協組合長であった欣治によって、「咲耶木花《さくやこのはな》館《かん》」というしゃれた名前をつけられた。欣治は、「二一世紀を彩るヘルシー食品。作るだけでなく付加価値をつけて第三次産業の域に高めたい」と考えた。この第三次産業に向けて農協の中に流通加工事業部を設け、外商担当者を任命した(3)。

現在、第一次から第三次までの数字をたし合わせて第六次産業という言葉が使われている。その最初の提唱者は、後述する東京大学名誉教授で農業経済学者の今村奈良臣である。氏は当初、一次・二次・三次の産業を足し算して六次としたが、その後、それを掛け算にかえた。一次の農業がゼロになれば、すべてがゼロになるからである。一次の農業を基本とする卓見である。

これを受けて二〇〇八（平成二〇）年に経済産業省と農水省が共同して「農商工連携促進

法」を定め、その後二〇一〇年には農水省が「六次産業化法」を定めて農林漁業の振興策を打ち出した。多くの個人や企業がそのための実践を開始し、例えば、高橋信正編の『六次産業化の実践』には二六の事例が紹介されている。その中には、滋賀県東近江市の池田喜久子という女性実業家の牧場経営では、ジェラード部門、農業レストラン部門、スキー部門を設けて年商一億三〇〇〇万円をあげている、といった例が出る(4)。しかし、これらの事例の中に大山は出てこない。大山では農協と行政が一体となって一・五次から始めて順次二・五次にまで拡張したという多次元農業であって、多角経営の成功事例とはいささか性格を異にするからであろう。

4　農村の人づくり

ＮＰＣ運動を始めた治美は、まずはウメ・クリによる所得追求を目ざしたが、それは人づくりと一体にして進めるべきだと確信していて、一九六五（昭和四〇）年に打ち出した第二次ＮＰＣ運動では、その「人づくり」を中心眼目にした。それは、「豊かな心豊かな教養と知識をもった人づくり」運動である。所得だけ伸びても人間性を失っては何にもならない、と彼は考えた。そのため村役場の企画のもとで全村あげての各種の行事を恒例化することにした。「その中でお互いが助け合っていったり、喜び合ったり、場合によっては慰めたり悲しみ合ったり、こういうムードをつくっていきたい」と彼はいう（「こころの鐘」一二五～一二六頁）。

それから一年後には念願のハワイ旅行を実現させた。

その人づくり運動の延長として、一九六九（昭和四四）年には第三次ＮＰＣ運動を開始した。その推進要綱では、「だれもが住みたくなる農村らしい町、町らしい農村をつくる」ことを目的にし、そのために町内に八つの「文化施設集積団地」を設けることにした。そこでは地域住民の連帯感の育成と相互学習のための環境条件の整備を進めた。小規模な文化集積団地では処理できない問題の解決のためには、二つの連合文化団地を設けて町の隅々にまで文化の恩恵を行き渡らせることにした。この企画は、二年後には自治省によって文化コミュニティの指定を受けた。

治美の人づくりの思想は、教えることを主眼とする「教育」より学ぶことを主眼とする「学習」を重視していた。もちろん学校教育を無視したわけではなく、早くも一九五八（昭和三三）年には農協の育英資金の制度を設けた。その「交付規定」では、「本組合の組合員の子弟にして、農業関係高校、高専、大学等へ入学する者で、卒業後、本町において農業に従事する者を原則とする」とし、原則として返還を猶予した。その数はその後において一〇〇名近くに達し、多くは地元に帰って自営しているという。治美の構想した真の教育は、学卒人材が地元に帰ってリーダーの役割を果たすことによって、ムラでは相互に教え合い学び合うという学習者中心の世界を作ることであった。大山では、「生活学園」と称し、仲間の中の有志が師匠となり、生徒もまた同じ仲間である。「単に講演とか黒板を背にしての学習会ではなく、多くの人たちと直接対話をしながら、全体のレベルを上げていく」ためのリーダーを育てることが治美の考えた教育方針であった（『治美の聞書』一三八頁）。

大山の人づくりのもう一つの特色は、見聞を広めるための国内および国外への視察旅行であり、国際交流であった。特に国際交流に力を入れて、ハワイ、イスラエル、中国などへ視察団を送り出すとともに、これらの国からの訪問客を受け入れて、相互の情報交換や実地研修をした。中国には一九九三（平成五）年までに一七回にわたりのべ三五〇名、イスラエルのキブツ研修生は一九八四（昭和五九）年までに第一〇次までの五七名が出かけている。(5) これらの国からの来訪者には、農協が支援した民宿が対応した。海外旅行に出ることのできない住民のためには、農協のカルチャーバスによる国内の体験学習を行った。費用はガソリン代の実費分担としたため、気軽に出かけることができた。

大山の農業革命に強い影響を受けたのは、一村一品運動の提唱者として有名になる大分県知事平松守彦である。平松は四年間の副知事時代に大山を訪問してウメ・クリ運動に感銘を受けた。彼は治美を高く評価し、治美の「聞書」に序を寄せて、その冒頭に、「哲学に裏付けられた運動は、上すべりせず、時とともに深化してゆく。矢幡治美さんの行動には一つの哲学がある」と称《たた》えた。(6) その後、一九九五（平成七）年に刊行された『大山町誌』にも祝辞を寄せて、大山町は、「一村一品運動のパイオニア、ローカルにしてグローバルな地域づくりのトップランナー」「米麦中心の農業から収益性が高い多品種少量生産農業への転換」「高付加価値農業の実現」「今やわが国はもちろん世界の注目を集めるに至っております」と、賛辞を並べた。この時の町長は欣治であった。

平松が治美に注目したもう一つの理由がある。それは人づくりへの取り組みである。一村一品運動を真に実のあるものにするためには、県内にリーダーとなるべき人材を育てることが肝要であることを、平松は治美から学んだ。そのため、平松は一九八三(昭和五八)年に「豊の国づくり塾」をスタートさせた。「要は人材だ。企業家精神を持った人間がいなければ地域は変革しない。一村一品運動や地域おこしを学んで実践する人材を養成する場」としてこの塾を作ったという(7)。塾の数は県下一二か所に広がり卒業生は二〇〇〇名を越えた。

平松の進めた人づくり施策には、大山と関係のあるもう一人のリーダーがいた。治美と同じ旧制日田中学を卒業後日田市立博物館に勤務していた溝口薫平がその人である。溝口は湯布院の「玉の湯」の養子となり、大山の若いリーダーたちと交流する間に、彼らの行動力に心を打たれ、世界に通用する「癒やしの湯」による湯布院の町おこしを始めた。大山の若者たちが、キブツで、「協業の仕組み、相互扶助、地域農業の自立」などを学んだことを知り、「新しいことをやるには広く世界を見る必要がある。豊かな人間関係、地域社会での連帯感、経済的裕福のいずれを考えてもイスラエルのキブツこそ理想の姿だった」と述懐している(8)。

治美の進めた大山の農業革命を考えるとき忘れてならない人物がいる。前述した第六次産業の提唱者今村奈良臣である。特に注目したいのは、財団法人JC総研の研究所長をしていた二〇一一（平成二三）年に「所長の部屋」と題するWEBサイトでなした次の発言である。

「想い起こせば今から一八年前、この大山町農協が起ち上げ推進していた木の花ガルテンという農産物直売所とそこへの出荷者農民の皆さんの活動をつぶさに調査させていただく中から、私が全国に初めて提唱した『農業の六次産業化』という理論が生みだされてきたのである」(9)。

六次産業という発想の原点は大山にある、というのである。ここに出る木の花ガルテンは一九九〇（平成二）年にオープンしていて、今村はそれから二年後に大山を訪問したことになる。すでに治美は町長も組合長も退いたあとのことではあるが、木の花ガルテンの収益は右肩上がりに伸びていた時期である。

治美自身は、これより先、二・五次産業と称し、農産物の加工から販売まで連続させることを主張していて、六次産業を構想していた。それを理論づけたのが今村である。今村は、二〇〇一（平成一三）年刊行の『食品加工総覧』第一巻の巻頭に、「農業六次産業化の意味と食品加工・販売の基本戦略」を載せ、彼の理論を要説しているが、そこでは、治美にも大山にも触れていない。ただ、その発想が大山に端を発しているというとき、当然治美の思想が取り込まれていたと考えるのが自然である。

翻って、永常にまで遡ってみると、江戸期の農学者の中で、栽培から加工から販売までを考えたのは永常ただ一人であったことに思い至る。永常、治美、そして今村が同じ大分県の出身であることには奇しき縁《えにし》を禁じ得ない。

5　その後の曲折

国の内外から注目され、多くの視察者が訪れ、マスコミからも賞賛の声に包まれた大山のNPC運動にも、盛時があり、後退があった。その後退現象は、治美が一六年間の村（町）長と三三年間の農協組合長を退いたことを機に表面化した。そのことは、特に次の二つの現象となって顕在化した。

その一は、大山は、小さな山村にもかかわらず政争の激しいところであって、治美の反対派が勢力を伸ばしたことである。治美は、一九五五（昭和三〇）年に、前任村長の死去のあとの補欠選挙で村長となり、以後四選された。一九六八（昭和四三）年以降は町長である。しかし、一九七一（昭和四六）年には反対派の元県議中島伝との間で町を二分する激しい選挙戦に敗れた。以後、中島が二期つとめたあと、同じく反治美派の伊藤隆が三選され、ようやく一九九一（平成三）年に治美の長男欣治が町長となるも、僅差ながら再選されることはなかった。

原因は、治美が農協と町政を一手に握って強力な改革を進めたことを、当初はそれに追随していた者たちが、やがて批判者となり、農協派に対する町政派を形成し、両派が対立するようになった。農協の経営する施設に対して行政が新しい施設を起こすような事態が生じた。例えば、農協系の目玉であった木の花ガルテンに対して行政側は道の駅「水辺の郷」を設けて、納品、集客、販売などをめぐって争った。かくして農協系の施設の凋落が目に見えてきた。行政派の批判は、治美の実績は評価しつつも、「独断専行タイプで近隣町村との協調性が欠けていた」、とか、「大分県経済連の方針に批判的な矢幡のアウトサイダー的行動に問題があった」などの批判をした(10)。

その二は、より目に見える形の批判であって、大山町の人口数も町民所得も、治美が当初に掲げた目標に到達しないという現実であった。足立文彦はこの現実を数字を挙げて証明している。それによれば、「一村一品運動の中で大山に見習えと喧伝されたほどの実績が、経済諸指標からは読み取れない」という。彼は、「大分県の生産農業所得統計」などをもとにして、一九八〇（昭和五五）年から二〇〇〇（平成一二）年までの数字を出している。それによれば、耕地一〇アール当りの生産農業所得は、県平均一〇〇に対して一九八〇年には七四・四％であったものが二〇〇〇年には一五六・四％と向上して狭い土地での生産性は高まったものの、農家一戸当りの二〇〇〇年の生産農業所得は県平均の七五・五％、農業専従者一人当りの生産農業所得は県平均の四五・五％にすぎない。この農業専従者の所得の低さは、農産物加工に従事する一・五次産業への指向の影響を受けたものとも考えられるが、全体的に見て町民一人当りの所得水準は、ＮＰＣ運動の展開にもかかわらず県民平均の七五％前後を推移している(11)。人口減少にも歯止めがかからない。国勢調査では、二〇〇〇（平成一二）年には三九一〇人であって、一九六〇（昭和三五）年の六一六八人より四四％減、一九九五（平成七）年に比べても七・五％減となっている。[12] ＮＰＣ運動二〇周年記念事業を実施した一九八一（昭和五六）年には、日田郡の他の町村では一〇％から二〇％減少したのに比べて、大山はそれまでの減少傾向を食い止めて僅かながらも増加したけれども、それ以降はＮＰＣ運動の影響は見られない。

二〇〇五（平成一七）年に大山町は日田市に併入され、二〇一一（平成二三）年に日田市大山振興局の刊行した『大山町誌続編』の中には、ＮＰＣ運動に対する批判的な記述が現れる。町民一人当りの所得の伸びが止まり、大分県民平均の七割にとどまっていることや二次、三次産業への経済政策のシフト化が遅滞していることなどを例にあげ、「過去のＮＰＣ運動では、現実に大山町の農産物を品質的にも優れたモノとして作り上げてきた。しかし、その一方で、地域が協働して全体の運営を図り、共同で取り組むような横の連携や自己の責任において物事を推し進める企業的精神はどこかに置き忘れてきたと言えないだろうか」とまで断じている。[13]

この記述は、治美の考えた哲学を全面的に否定しているかのような感がある。しかし、平松が称えた治美の哲学が思うように機能しなかった理由は、治美の責任というよりは、それが時代に先行していたがゆえに現実に対応できなかったということを考慮すべきであろう。過疎化、少子化、高齢化、離農、中国や韓国などの外国からの安価な輸入品による圧迫など、その後の日本の農山村地域のあらがえない趨勢に大山もまた呑み込まれた、と考えるのが至当であろう。一つの時代の耳目を集めた治美の哲学の価値は失われないと思う。ちなみに治美の哲学に心を打たれ、それを一村一品運動に繋げた平松守彦も二〇〇三（平成一五）年に県知事を辞した。代わったのは、平松の支援を受けつつも、平松県政に対しては軌道修正を余儀なくされた広瀬勝貞であった。広瀬は治美と同郷の日田の出身で、広瀬淡窓の弟久兵衛から数えて五代目の子孫にあたる。

6　大蔵永常と矢幡治美をつなぐもの

永常の『再種方』を解題した徳永光俊は、「二十世紀末に生きる永常」という小見出しで、「農書にそれなりの現代的意義を期待するのは間違いではない」と記している。[14] およそ一世紀半という歳月のかけ離れた永常と治美を比較することは、純然たる歴史研究から逸脱しているかも知れないけれども、筆者が本書であえてそのことを試みたのは、徳永のいう永常農書の現代的意義を、より鮮明にしたいと考えたからである。そのためには、現代に活躍した治美という人物を引き合いに出すことで説得力を増すのではないかと考え、この一章を書き加えた。

永常と治美には数多くの共通点がある。同じ天領日田に生まれ、山村住民の貧しい暮らしを知悉していたこと、そこから抜け出させるために何か良策はないかと思索したこと、そのため全国各地を視察したこと、治美の行脚は時代が許したため世界にまで広げたが、永常もまた当

図11　渡辺崋山画大蔵永常（『門田能栄』巻首口絵、資料集第2巻）

図12　晩年の矢幡治美（西日本新聞社提供）

時として最大限の旅をして、二人とも可能な限りの情報を手にすることができたこと、その良策を永常は平易な書物にして世に広め、治美は若者をターゲットに語りかけて実践に移したこと、二人とも造語の名人で農民の心に響く言葉で語りかけたこと、永常の「広益国産」と治美の「ＮＰＣ運動」はその最たるものである。

永常と治美の肖像画を並べてみる。早川孝太郎は八方手を尽して永常の肖像を探したが見つけ出すことはできなかったという。ここに掲出した図11は、先に引用した渡辺崋山が描いた『門田能栄』の中の挿絵（図7）で、多数の乗員の一人である永常とおぼしき人物を拡大したものである。治美は現代の人だけに、多くの写真がある。若いときは、ダンディな背の高い男性である。ここに出したものは晩年のものである。

永常と治美の最大の共通点は、農業の世界に経済的合理精神を入れ込み、民富の向上を目標にしたことである。簡単にいえば、コスト計算に基づいて農民の所得を増やし、生活を楽にさせようとしたことである。そのために、二人は共通の手法を用いた。

一つは、コメ中心の農業からの脱却である。永常は、二期作とか稲の掛干しとか除蝗とかに関する著作もしたけれども、それは彼の広益国産の中心課題ではなかった。治美は、さらに徹底して水田と牛を捨てて果樹栽培に転換させた。それはともに当時の稲作偏重農政への反逆であった。

反逆と称しても政治的意味合いではない。永常の場合は、あくまでも近世の体制の中で広益国産をスローガンにして民富と国富の増大を説き、民衆には勧善懲悪の道徳を守らせようとした。彼を任用した渡辺崋山が体制批判の廉で自刃に追い込まれ、彼の妻の縁戚で彼と交流のあった大塩平八郎が農民を糾合して反乱を計画するも未然に鎮圧されて自殺する、というような事件を身近に体験していただけに、体制の権力支配の恐しさは十分に自覚していたはずである。しかし、本書で言及してきたように、彼の農業改革論は、無意図的であったにせよ、コメつかいを原則とする幕藩の財政体制に風穴をあけるものであった。

治美になると、真っ向から、米作と畜産の奨励という国策に反逆した。全国の農業者の団体である全中とか全農とかが、国の決める米価の決定に対して圧力をかけるために農民を動員して鉢巻き姿で気勢をあげていた時代に、米作をやめようと主張し、大山農協は全国や府県の農協と袂を分かつ。

もう一つは、換金作物の奨励である。コメを軽視するか排除するかした二人はそれの代替策を考えた。数字に強い永常は、利益のあがる各種の作物を挙げてその収益をさし示した。郷里日田の年貢地でない不毛の地から換金作物による収益は年額二万七千余両にのぼるという数字を出したことについては前述した。経営の才覚のある治美はさらに大胆な数字を示して農家の増収をうながした。彼はムカデ農法と称して、多品種の足を使えば所得は倍増すると主張した。エノキ茸に成功したころには何十軒もの一千万円農家が誕生した。

収益をあげるためには、農産物をそのまま売却するのではなく、それを加工して付加価値をつけるべきだ、というのも二人の共通の考えである。永常の農書は、栽培だけでなく加工方法まで絵図つきで平易に説明している。治美は、それを最初は一・五次産業と呼び、その後は二・五次産業にまで引き上げた。未加工のまま域外に流出させていた一次資源を農民の手で郷土色豊かな製品に加工して流通の過程に乗せることに意を注いだ。二人とも「利」の追求者であった。

永常と治美との間にこのような共通点が生じた原因はどこにあるのか、それを立証することは難しい。あくまでも印象的なことであるが、永常の広益国産の思想は治美という人物の中に姿を変えて生き続けているのではなかろうか、それは二人を生み育てた日田という風土のもつ精神特性に関係しているのではなかろうか、ということまではいえそうである。

注

(1) 足立文彦「大山町史細見――一村一品運動のモデルはいかにして形成されたか」『金城学園大学論

集社会科学編』第一一巻一号、二〇一四年、一四～一五頁。
（2）右に同じ、一三頁。
（3）詳しくは、伊東維年「大分大山町農協の地産地消活動―農協による広域型地産地消活動の事例考察」熊本学園大学附属産業経営研究所『産業経営研究』第二八号、二〇〇九年。
（4）高橋信正編『六次産業化の実践』筑波書房、二〇一三年。
（5）『大山町誌』大山町刊、一九九五年、四〇五頁。
（6）平松守彦「序―種播く人」松永年生『種をまき夢を追う―矢幡治美聞書』西日本新聞社、一九八九年。
（7）山神進「一村一品運動の原点―大山町の米作から果樹栽培、きのこ栽培への転換の軌跡」立命館大学政策科学会『政策科学』第一四巻三号、二〇〇七年、一六三頁。
（8）野口智弘『湯布院ものがたり―「玉の湯」溝口薫平に聞く』中央公論新社、二〇一三年、一四二～一四三頁。
（9）「JC総研WEBサイト」二〇一一年二月二四日。
（10）注（1）に同じ、一九～二〇頁。
（11）右に同じ、一七～一八頁。
（12）注（7）に同じ、一五二頁。
（13）『大山町誌続編』日田市大山振興局刊、二〇一一年、五六頁。
（14）徳永光俊「（再種方）解題」日本農書全集第七〇巻、一九九六年、二九五頁。

終章　「農業商賈《しょうこ》」としての大蔵永常

大蔵永常については、これまで多くの人が『広益国産考』や『農具便利論』などを例に出して、「近世最高の農学者」とか「江戸期唯一の農業ジャーナリスト」など、種々の言葉で評価を与えた。しかし、永常研究の先駆者早川孝太郎は研究を進めるうちに、「私の永常に対する期待は大分異なって来た」と、その人格を問題視し、「じつを言うとかような人物の実績を調査し、伝記の編纂をなすのがいささか情けなくなった」と、失望の言を吐いている。(1) あるいは、『除蝗録』を解題した小西正泰は、「この数奇な運命をたどった篤学の士に対する現代の評価は、人によってまちまちであり、そのへだたりも大きい」と記している。(2) 永常の評価にはまだ難しさが残っていることをいい当てている。

そこで筆者は、これまでの研究者とは思い切り視点を変えて、彼の生まれ育った日田のもつ、文化的、産業的、精神的風土から永常の思想の根柢にあるものを探り出してみようと試みてみた。同時代の淡窓や現代の治美を引き合いに出したのはそのためである。

未だ仮説の域を出るものではないけれども現時点で筆者の導き出した結論は、「永常は日田の生んだ農業商賈であった」という解釈である。実は、「商賈」という言葉は、永常の『絵入民家育草』に序文を執筆した小島蕉園（自称蕉園老人）がすでに早く使っている。曰く、「嗚呼永常は一商賈にして、世の師と称し、教を知らざる者に賢《まさ》ること万々。余固より其の人と為《な》りに熟す」（原漢文、資料集第一巻、四二一頁）と。商賈とは、商估ともいい、「商人、あきんど」の意である（『広辞苑』）。蕉園は、「篤実の士」、という永常評の言葉も加えている。

永常を商賈と理解すれば、彼が「売る」ことに意を注ぐことは当然といえる。彼の最大の売り商品は農業技術であって、そのための農書の執筆販売に精力を傾注した。売る以上は買う人のニーズにこたえる必要があり、彼は「利」をもって購買意欲を高めた。しかし、当時流行の戯作本とちがって、農書の売れ行きには限界があり、そのために地頭の世話を仰いだり、老農など上層農民に期待を寄せたりした。それでも思うように売れないことがわかると、本の読めない人のために辞書を執筆して出版者との交渉で「日本一之字引」（資料集第三巻、六〇九頁）と宣伝したり、飢饉に備えた料理書『日用助食竃の賑ひ』は「壱万位之本ハうれ可申候」（同上、五四六頁）と豪語したりしている。

第五章に提起した農業技術書と農民道徳書の関係も、この商賈の観点をもってすれば難なく解決できる。正規の学問をしていない永常は、道徳論を理論的に構築して自らの体系を作り出すことはできなかった。しかし、『除蝗録』の物論で記していたように、農書は売れないが、当世流行の「復讐奇談」の書はよく売れることを彼は知っていた。そこで、彼は生地日田から始まり全国を遊歴していた間に集めたこの種の情報を本にして売り出した。それは彼の追究した合理的農書とはちがった発想から出た、ちがったジャンルの本であった。商賈永常は、農書を主要商品としつつも、同時によろず屋でもあった。商人の性《さが》というべきか。

永常と同じような発想をした治美もまた永常以上に商賈であった。彼は作物を栽培し、加工し、販売したりするルートを考案しつつ、最終的には地元の特産品を「売る」ことを目ざし成功した。もう一人の、日田の先人淡窓もまた商賈という視点から再評価したら面白い筋書きになると思う。淡窓についてはすでに多くの研究書があり、「教賢」（小西重直）とか「教聖」（中島市三郎）などの尊称がつけられている。しかし愚見によれば、商家に生まれた淡窓の学校経営の中には、至るところに商人的発想がにじみ出ている。

淡窓についての考察は暫く措くとして永常と治美に戻してみると、二人はともに私利ではなく公益を考えた、ということが重要である。治美は現代の人物であるだけに、生ぐさい毀誉褒貶も耳にしないわけではない。しかし、一命を賭してムラおこしに尽瘁し、模索と研究、決断と実行、完成と展開の三つの段階を経て、父祖の地を、県内はいうまでもなく日本全国のモデルムラに仕立て上げた功績は、将来の歴史家によって評価されるものと思われる。

いつの時代でも悪徳商人が横行することもあってか、商賈といえば、とかく社会的に軽侮される傾向がある。しかし、日本資本主義の最高指導者と目される渋沢栄一は、一八七三（明治六）年に、大蔵省の高級官僚を辞職して自称「商売人」となった。商売人とは、彼にとっては賤称ではなくして、政治家と対等の地位にまで高めたいという願望のこもった言葉であった。彼は生涯をかけて商工業や社会事業に力量を発揮するが、その際、『論語』からヒントを得た義利合一論、私利公益論をモットーにした。義を重んじる私利の追求は公益になるという考えである(3)。

永常を商賈として捉えることによって、封建の社会に生活しつつも、近代社会につながる思想をもった先覚者とみなすことはできないであろうか。そして、その思想は、同時代の淡窓にも、現代の治美にも通じ合う、天領日田の精神性といえないであろうか。

大分県先哲叢書に取り上げられ、また新しい伝記も刊行されたこともあったせいか、最近の日田では、シンポジウムの開催など一種の永常ブームが生じていて、今や淡窓をしのぐ人気さえあるという。高等学校時代の級友に情報の提供を請うたところ、その来翰の中に次のような一文があった。日田の人々の率直な感慨が込められているように感じるので、私信であることをお断わりしたうえで以下に掲出させてもらう。

「あくまでも憶測ですが、永常という人は淡窓のような正統的な学究の人ではなかったような気がします。当時としては、並はずれた学問・素養があったでしょうが、彼は当時の農民・町人の低劣な生活、希望のない生活を強いられているのを、何とかして良い作物を産出する法はないか、彼らの収入を一文でも増やして人間らしい生活をさせる術はないか、それにはどうすべきか、という先進的でクリエイティブな考えと、人道的精神と、類《たぐい》稀な実践力・行動力を基に日本中を歩きまわり、これはよい、と思ったことに取りついたら即工夫考案してより優れた便利な法を案じついたのではないでしょうか。各地をまわり、土地の状況・風習・生活をつぶさに見るためには、そこの住人達と心を開いてゆっくり話を聞いたり尋ねたりすることになったのかも。このことは彼の好奇心・探究心を大いに満たし、果ては何かを案じだす道しるべになったのかも。各地の聞き語りを丹念にまとめていることがその証しのような気がします。私まで未知の人永常の虜になってしまいそうです(4)」。

この小著を書き終えたあとの筆者の感想は早川孝太郎が一時期抱いたという感想とは真逆である。失望ではなく希望である。人一倍好奇心が強く、人一倍精力が横溢し、人一倍行動力のある田舎育ちの永常が、故郷での貧しい暮しから抜け出すことへの意を決して出奔し、自己実現の方途を著作業と決めた。そのため、彼は各地を流浪して情報を集め、売らんがための本づくりをした。その雑多な著作物の中に珠玉の光を発する農書が含まれ、後世になってその先見性が評価された。苦労を重ねただけあって彼の生き姿は余りにも土くさく、余りにも人間的であったが、筆者が特別の興味を覚えるのは、その人間永常である。本書では、永常のその生々しい生活を描いたつもりである。

しかし、本書は、永常の人物伝に終わらせるつもりはない。そのことは、本書の書名を『現代に生きる大蔵永常』としたことと関係ある。永常の思想と実践は、現代の農村社会の改革に

図13　『綿圃要務』より，綿を摘む図（日本農書全集15，374頁）

示唆する点が多いと考えたからである。

今を去る二〇〇年前、永常の生きた時代の農民は、未だ封建体制の桎梏の中で貧しい暮しをしていた。士農工商という身分制度によって建前の上では農民は士の下に位置づけられていたけれども、実際は士の支配下にあって、その下僕、臂臣の扱いをされていた。永常は、その農民に対して「利」の追求の道を説き、そのノウハウをさし示し、少しでも生活を安楽にさせる手段として、他者の追随できない多数の著作物を世に出した。彼の民衆啓蒙は農業の技術が中心であるものの、それにとどまらず、農村に生きる人間生活の精神面や生活面にまで及んでいて、農民生活を全面的に支援していた。彼の農書を、直接または間接に読んだ農民は自主的、主体的に考えて行動することの期待が込められていた。

豊後の国の、山ふところにあって、商人の活動の目立つ小さな町に、農民の子として生まれた永常は、日本を代表する商都である大阪に出て、苦節の末に自己の思想を開花させた。丹波の国に農民の子として生まれた石田梅岩が、京都の商家で奉公する間に商人の道について深い思索をしたことと好対照をなしている。梅岩は、商人の手によって、商人の体験をもとにした商人道を考えたのに対して、永常は農民の手によって、農民の体験をもとにした農民道を考え、実践した。「日本における農民の実践哲学の原点は永常にあり」、といっても過言ではない。彼自身は貧窮にあえぎながらも、珠玉の名作を残し、農民に希望と光明を与えて、その光は、近代に、さらには現代にまで届いている。

哲学といえば、西洋の、特にドイツの著名な哲学者の構築した高邁な理論と難解な言辞を連想しがちである。しかし、日本の民衆の哲学は、日々の生業の中で思索したり体験したりする軌跡を辿って、そのエキスを搾り出すことによって精製されるものと思う。観念やイデオロギーとは次元を異にする。矢幡治美の農村改革には哲学がある、と道破したのは平松守彦である。それを敷衍《ふえん》すれば、その原点は大蔵永常にまで遡ることができることを証明しようとしたのが本書である。そのエキスには清濁が混淆していて、存外と身近な平易な言葉で表現できるのではなかろうか。

永常の先見性は、現代にまで色あせない、というのが、本書の底意である。そのため永常の思想のルーツを探り、同郷の士である現代の矢幡治美を引き合いに出した。そのことによって永常農書のもつ永遠の生命力をあぶり出すことに努力したつもりである。今日、日本の農業のゆくえには諸説があって、不安と希望とが交錯している。永常も治美も希望の農業を想望した。そのためには、農民が主体性を発揮して、「利」を追求することが肝要である、という二人の意見は一致していた。その発想は、日田という山村の農民に共有されていた。

永常は、日田を出て、畿内、中部、関東と居所を転々とする間に、全国の農法の情報を集めた。西南農法から始まった彼の遍歴は、最終的には畿内農法の摂取で終局する。彼の主著『広益国産考』の巻の一に出てくる彼の次の言葉を引用して、本書の結びとする。

「海水東流し万事東漸《とうぜん》する道理にて、何れの国も西よりひらけて東に及ぶなるべし(5)」。

注

(1) 早川孝太郎『大蔵永常』山岡書店、一九四三年、『早川孝太郎著作集』第六巻、未來社、一九七七年、三一二頁。

(2) 小西正泰「(除蝗録) 解題」日本農書全集第一五巻、一九七七年、一一五頁。

(3) 拙著『渋沢栄一と日本商業教育発達史』風間書房、二〇〇一年。

(4) 二〇一一年一月三〇日付高山玲子氏からの来翰。

(5) 大蔵永常『広益国産考』(資料集第二巻、五二四頁)。

あとがき

これまで、大蔵永常の研究には、大きく見ると三つの企画があった。

第一回は、第二次大戦前のことであって、大分県出身の井上準之助（大蔵大臣）、朝倉文夫（彫塑家）、小野武夫（農学博士）らが永常の全集刊行を企図し、常民研究の推進者である渋沢敬三（渋沢栄一の孫）らが支援した。永常と同じ日田の出身である井上がテロで倒れたため中途断念の止むなきに至ったが、農政系の民俗学者である早川孝太郎は、集めた資料をもとに初の本格的伝記『大蔵永常』を刊行した。

第二回は、まえがきに記したように、農文協から出版された「日本農書全集」の中に、一二件もの永常農書が所収され、原文に加えて、現代語訳、訳注、解題が載せられ、また本書のほかに刊行された「月報」にも永常に関する論説が加えられ、江戸農書が一般読者にとって身近なものになった。飯沼二郎、佐藤常雄、徳永光俊、小西正泰、堀尾尚志、別所興一その他の解題や論説は、本書にとっても大いに参考になった。

第三回は、一村一品運動で有名な前大分県知事の企画で、県の教育委員会の取り組んだ「大分県先哲叢書」の中に永常が含み入れられ、永常の著作物や書簡が全四冊にまとめられ、二〇〇〇（平成一二）年に公刊された。日本近世史の研究者たちが委嘱されて全国的な調査をなして、初版またはそれに近いものを探し出し、出版年の確定または推定をした。その編纂作業を主管した豊田寛三は、他の三人の編集員と協力して、実証的な伝記『大蔵永常』をまとめ大分県教育委員会によって刊行された。

筆者は、永常と同じ日田の生まれであって、少年時代から「えいじょう」の名を聞き覚えていた。正式には「ながつね」であるが、地元ではそう呼んでいた。教育史を専攻するようになったけれども、なぜか郷里のこの先覚者にひかれるものがあり、資料探訪の旅に出たとき永常の著作物があれば複写して持ち帰った。永常の技術論の先見性と道徳論の通俗性をどのように説明するかは筆者の関心事であって、この点について大学の紀要に「大蔵永常の農業教育観──技術指導と農民教化の乖離をめぐって」と題する小論を書いたのは一九八一(昭和五六)年のことである。その後、『日本農業教育成立史の研究』(風間書房、一九八二年)ではこの問題に言及してきたし、二〇一二(平成二四)年にその増補版を出したときには、補遺として「大蔵永常──広益国産の思想」を書き加えた。本書はその補遺と一部重複する部分がある。

農文協や大分県によって、永常研究は一応の到達点に至った感がある。これまでの民俗学、農学史、近世史などの研究者によるアプローチは貴重であるけれども、何か残されたものがある、というのが著者の感懐であった。ちがった視座から永常なる人物に迫ってみたいという想いから本書は生まれたが、なお道遠しという感は否めない。

最後に私事にわたるが、本書をしめくくるに当り、一言つけ加えさせてもらいたい。筆者の父祖は日田のマチはずれに居を構え、父親は半世紀以上日田の教育界で働いて、日田の人々に感謝しつつ世を去った。本書で取り上げた矢幡治美は父の竹馬の友であって、晩年の一五年間は治美に求められて教育長をつとめ、ウメ・クリへの極端な傾斜予算の中で町の学校を守った。二〇歳のころ郷里を離れて二度と戻ることのなかった永常は、筆者と共通するところがある。望郷の念の込められたこの小著が郷里の人士への賛歌となれかしと云爾《しかいう》。

日本の農業経済学の権威である今村奈良臣東京大学名誉教授が本書のゲラ刷をご高覧のうえ、推薦のお言葉を賜ったことを誠に光栄に思う。

「日本農書全集」を刊行した農文協から出版したいという筆者の願望を叶えて下さった同会に対して、特に、本書の構成や表現に対して適切な助言を賜った同会編集局の阿部道彦氏に対して、厚くお礼を申し述べる次第である。

二〇一八年季春

瀬戸の城下町備後福山の寓居にて

著者しるす

『現代に生きる大蔵永常』を推薦する

今村奈良臣（東京大学名誉教授）

本書は天領日田に生まれ、各国にわたり指導・活躍した大蔵永常の『広益国産考』を中心とした研究書であるが、従来の農書研究と非常に異なるすぐれた点は、大蔵永常の思想が現代にいかに生かされ実践されているかを描き出しているところにある。

永常の精神と理論は同郷日田の大山町の矢幡治美町長（同時に大山町農協組合長）に引き継がれ、農業近代化路線の国の農政に反対し、「ウメ・クリ植えてハワイへ行こう」に象徴される地域特性を活かした農業再生運動として結実した。その思想的根源を描き出そうと努力しているところに本書の最大の特徴がある。

実は私は、この大山町で全国で初めて「農業の六次産業化」の理論ならびにその実践路線の着想を得た。この理論と実践路線が全国をいまなお風靡していることは周知のことである。

一九九二年の夏、旗上げして間もない大山町農協の農産物直売所「木の花《こはな》ガルテン」に多彩な農産物や加工品を運び込んでいる農民、そこへ買いに来る主婦をはじめとするお客さんの行動を約一週間にわたって農家に泊めてもらいつぶさに調査している中から「農業の六次産業化」という理論が私の頭の中ににじわりと生まれてきたのである。

「第一次産業＋第二次産業＋第三次産業＝第六次産業」である。この産業分類の理論はいうまでもなくコーリン・クラークの「ペティの法則」によるものである（Colin Clark "The Conditions of Economic Progress" 1940）。

〝木の花ガルテン〟の活動の中から、多彩な農林畜産物の生産（第一次）、それらの多彩な加工（第二次）、そして木の花ガルテンでの販売（第三次）という活動の調査を通して農業六次産業化の理論は生まれたのである。しかし、足し算では駄目だと考え、三年後に1×2×3＝6という掛け算に変えた。なぜか。農業が無くなれば、0×2×3＝0と六次産業化路線は無に帰するという警告と合わせて、より多くの付加価値を多彩な加工ならびに販売を通して生みだそうではないかという提案でもあった。

ところで泊めていただいた家は故矢野征二郎さんの家で、征二郎さんはエノキダケをはじめとする多彩なきのこの生産・加工をされており、奥さんの豊香さんは梅干しの日本一大賞を受賞されたすぐれた方であった。その矢野征二郎さんは私が塾長をしていた大分農業平成塾の塾頭をされていた。さて大分農業平成塾は（旧）大分中学から東京大学にかけての先輩であった故平松守彦大分県知事への私の提言で「豊の国づくり塾」をさらに発展させるかたちで私が塾長となり、県下の農業青年の教育、研修の場として生まれたものであり、本書でもその前史が紹介されている。二〇〇人を超える農業・農村青年の研修の場で、まさしく切磋琢磨を旨とする〝塾〟であり、有能な青年たちが育ち、いまも各所で活躍している。

本書では、大蔵永常の理論と実践を詳細に分析・考察し跡づけるのにとどまらず、その思想と理論、そして実践の路線が現代にどのように受け継がれ活かされているかが描かれている。永常と同郷のよしみを糧に、単に歴史書として紹介するのみでなく、現代さらには、未来へ向けていかに活かすべきかを説いているすぐれた文献であり、広く読まれることを希望する。

◉日本農書全集に収録された大蔵永常の農書一覧

日本農書全集（全72巻、農山漁村文化協会刊）は現代語訳、解題付き。大蔵永常はもっとも多くの作品が収録されている。大蔵永常の農書は挿絵が多く、親しみやすい。〔文責・農文協編集局〕

※書名のあとの数字は日本農書全集での収録巻。

広益国産考　14

江戸時代を代表する農業ジャーナリスト・大蔵永常の全生涯によって究められた農学の集大成。農民的・合理主義的感覚で当時の国産物を図解入りで記述する。

綿圃要務　15

近世商品作物のチャンピオンである綿の性状と栽培法とを整然と示した著作。先進地での栽培例や販売法、品質までふれている。顕微鏡による図も挿入。

農具便利論　上・中・下　15

鍬、すき、鎌、土覆い、馬鍬、田舟、千歯扱き、暗渠排水の方法から揚水機、各種の船まで、図解寸法入りで解説した江戸時代最高の農具の手引。立地や作物による使用法も詳述する。

除蝗録　全・後編　15

鯨油による稲作害虫防除法につき、実例をおりまぜながらきわめて具体的に解説した書。後編では、鯨油を使えない地域、農家を対象に、綿実、油桐、菜種油の効果と施用法を記述。

油菜録　45

油菜（あぶらな、なたね）は、灯油・食用油・肥料の原料として欠かせないものになり、農民にとっては換金作物として重要な作物となった。その栽培法を絵入りでくわしく紹介した刊本。

製葛録　50

くずは、くず粉をとる素材として、また薬としても利用でき、茎からは糸をとって布に織ることもできるという重宝な植物である。本書はくず粉のとり方、くず布の製法を図解入りで説明している。

甘蔗大成　50

さとうきびの導入を、麦や菜種の間作として、つまり諸作のつくり回しのなかに組み込んで説いているところに本書の特徴がある。製糖技術としては中国渡りの伝統的な方法と、讃岐流の新しい技術を重層的に述べている。

製油録　50

永常の前著『油菜録』が栽培について述べるにとどまり、搾油法にはふれていなかったので、それを補う意味で刊行したもの。綿実の搾油法にもふれている。その技術は現代にも通用する。

門田の栄　62

三河国田原藩の領民のために書かれた農法改良、合理的農業経営の書。同じ船に乗り合わせた三河・下総・摂津・九州の4人の農民の問答を通じて、「乾田化の利益」「草木に雌雄はない」「今や技術を革新すべきとき」などを説明する。

農家心得草　68

忘れたころにやってくる飢饉への備え。米の備蓄が実際的でなかった当時、まず麦の増収法と収穫した麦の運用を含めた備蓄法を説く。さらに、飢饉のときに誤って有毒植物を食べないように、有毒植物図を掲載する。

農稼肥培論　69

多くの農書を世に出した大蔵永常は、肥料・肥培の分野では本書を著わした。蘭学の知識を取り入れ、それまでの陰陽説や雌雄説から離れ、水・土・油・塩の4元素によって肥培論を展開している。

再種方　70

「再種方」とは稲の二期作栽培の方法。大蔵永常が、土佐国で盛んな二期作の他国への普及をはかったもので、その有利性と栽培の実際を述べる。「付録」では、稲花の顕微鏡観察図を載せ、当時の常識であった植物雌雄説を蘭学の知見から批判している。

な行

は行

ま行

や行　ら行　わ行

◉人名索引

●著者略歴

三好信浩（みよし・のぶひろ）
1932年、大分県日田市生まれ。
広島大学大学院教育学研究科博士課程修了。教育学博士。広島大学教授、比治山大学学長などを経て、現在、両大学の名誉教授。
単著に、『増補　日本工業教育成立史の研究』『増補　日本農業教育成立史の研究』『増補　日本商業教育成立史の研究』『近代日本産業啓蒙書の研究』『近代日本産業啓蒙家の研究』『手島精一と日本工業教育発達史』『横井時敬と日本農業教育発達史』『渋沢栄一と日本商業教育発達史』『日本工業教育発達史の研究』『日本農業教育発達史の研究』『日本商業教育発達史の研究』『日本女子産業教育史の研究』『産業教育地域実態史の研究』（以上13部作、風間書房）、『イギリス公教育の歴史的構造』『イギリス労働党公教育政策史』（以上2部作、亜紀書房）、『教師教育の成立と発展』『日本師範教育史の構造』（以上2部作、東洋館出版社）、『日本教育の開国』『ダイアーの日本』（以上2部作、福村出版）、『明治のエンジニア教育』（中公新書）、『商売往来の世界』（NHKブックス）、『日本の女性と産業教育』（東信堂）、『私の万時簿』（風間書房）、『納富介次郎』（佐賀城本丸歴史館）、『日本の産業教育』（名古屋大学出版会）、『愛知の産業教育』（風媒社）、*Henry Dyer-Pioneer of Engineering Education in Japan* (Global Oriental)、および *Collected Writings of Henry Dyer*（全5巻、Edition Synapse および Global Oriental）ほか。

現代に生きる大蔵永常
農書にみる実践哲学

2018年8月2日　第1刷発行

著　者　　三好　信浩

発行所　一般社団法人　農山漁村文化協会
〒107-8668　東京都港区赤坂7丁目6-1
電話　03（3585）1141（営業）　　03（3585）1144（編集）
FAX　03（3585）3668　　振替　00120-3-144478
URL　http://www.ruralnet.or.jp/

ISBN 978-4-540-18154-2
〈検印廃止〉
©三好信浩 2018
Printed in Japan
乱丁・落丁本はお取り替えいたします。

DTP／ふきの編集事務所
印刷／藤原印刷㈱
製本／根本製本㈱
定価はカバーに表示

図書案内

私の地方創生論
今村奈良臣著　四六判並製264頁　1800円＋税

農業の6次産業化の理論とその実践の成果を踏まえつつ、アグロ、フード、エコ、メディコ（医療）、カルチュアなどの5ポリス構想による地域創生を、農村諸組織の内発的発展力を基盤に創り上げる。先進事例豊富。

江戸時代の人びと むらと家を守った
人口減少地域の養子制度と百姓株式
戸石七生著　A5判並製272頁　4500円＋税

江戸時代の後半、日本の人口は減少に転じ深刻な後継者難に悩んだ農村が少なくなかった。それに抗し、家と地域が一体となって多様な養子制度を駆使して家とむらの維持・存続を目指した江戸時代農村の姿を活写。

棚田の歴史
通潤橋と白糸台地から
吉村豊雄著　A5判上製216頁　3000円＋税

棚田の歴史は実はよくわかっていない。有名な通潤橋の土木工事によって、例外的に文献資料がよく残された白糸台地の棚田開発の歴史をとおして、土木開発にかかわる人々や農民の日常をリアルに再現する。

物語る「棚田のむら」
中国山地「上山」の八〇〇年
久保昭男著　四六判並製264頁　2200円＋税

自らが生まれ幼少年期をすごした集落を舞台に、その成立をたどり800年に渡る歴史（自らのルーツ）と暮らしを野山や墓地の踏査、古老や友人、姉への聞き取り、文書などから読み解き、ムラ—中山間地域の未来を見据える。

（価格は改定になることがあります）